REVUE ANALYTIQUE

DES

TRAVAUX ARATOIRES

USITÉS

DANS LE DÉPARTEMENT DE LA SOMME,

Par L. ROUSSEL,

Ancien Agriculteur, ex-Président du Comice de Doullens.

AMIENS,

IMPRIMERIE LEMER AINÉ, PLACE PÉRIGORD, 3.

1866.

REVUE ANALYTIQUE

DES

TRAVAUX ARATOIRES

USITÉS DANS LE

DÉPARTEMENT DE LA SOMME.

REVUE ANALYTIQUE

DES

TRAVAUX ARATOIRES

USITÉS

DANS LE DÉPARTEMENT DE LA SOMME,

PAR L. ROUSSEL,

Ancien Agriculteur, ex-Président du Comice de Doullens.

AMIENS,

IMPRIMERIE LEMER AÎNÉ, PLACE PÉRIGORD, 3.

—

1866.

AVANT-PROPOS.

Ce petit Ouvrage s'adresse particulièrement aux Cultivateurs de la Somme ; aussi me suis-je renfermé dans les procédés qui sont généralement employés par eux dans ce département. Je les ai passés tous en revue et discutés au point de vue de la théorie et de la pratique, d'après ma propre expérience. J'ai adopté la forme du *Calendrier agricole, d'Exposé mensuel des opérations aratoires à suivre pendant le cours du mois,* afin d'apporter plus de clarté et de méthode dans leur classification, et afin surtout de faire mieux ressortir l'importance et la nécessité de les rendre l'objet d'une application opportune et raisonnée, au fur et à mesure que la saison en recommande la pratique.

L. ROUSSEL.

On peut se procurer ce Recueil chez M. FOURNIER, Libraire, rue des Trois-Cailloux, ou chez l'Éditeur, M. LEMER, Imprimeur, place Périgord, à Amiens.

PRÉFACE.

Je me suis souvent posé cette question, lorsque je formai le projet de répandre mes opinions sur les travaux aratoires exécutés, pendant les douze mois de l'année : Dois-je adopter le titre de *Calendrier agricole?* Cette forme n'est-elle pas de nature à éloigner l'attention des cultivateurs, vu que les calendriers ne comportent la plupart du temps que des revues très-sommaires de la besogne du mois? J'ai pensé qu'il était difficile d'éviter ce titre, aussi avant d'entrer en matière, je m'empresse de faire connaitre le programme que je me suis tracé, afin d'écarter les préventions qu'il pouvait exciter. Je me suis imposé la tâche pénible d'envisager chaque besogne, tant soit peu importante, sous toutes ses faces, et de faire ressortir, tantôt par le raisonnement, tantôt par les faits connus, pourquoi tels procédés étaient préférables à d'autres ; j'ai essayé de commenter l'esprit de certains proverbes et de les rallier à mon sujet; enfin j'ai mis en œuvre tous les moyens qui me paraissaient susceptibles de rendre intéressante la lecture de cet exposé théorique et pratique des travaux accomplis pendant toute l'année.

L'entrainement qui m'a poussé à donner de la publicité à ma manière de voir , concernant les procédés pratiques généralement suivis dans le département de la Somme , s'explique ainsi : Je me suis livré pendant longtemps avec ardeur, à la profession d'agriculteur, mes inclinations me portaient aux expériences de tout genre; j'aimais à raisonner les faits observés et à en rechercher les causes. Quoique retiré aujourd'hui de la culture, mon zèle pour elle ne s'est pas ralenti et rien d'étonnant qu'après avoir tenu pendant autant d'années mon activité physique et morale constamment en haleine, je cherche actuellement à occuper cette activité au milieu de mes loisirs, à exhaler au dehors, cette exubérence de pensées que j'ai pu concevoir pendant ma carrière agricole, à faire profiter de mes expériences les cultivateurs aspirant à une production progressive.

Je n'ai pas la prétention de me poser en professeur, cette prétention serait ridicule de ma part, car je n'ai été qu'un praticien et toutes les théories qu'il m'arrivera d'émettre ne sont que des conjectures que mon jugement a formées. Comme le jugement est exposé souvent à faire fausse route, surtout quand il s'agit de scruter les secrets de la nature, j'engage mes lecteurs à n'accepter mes appréciations qu'avec réserve ; mais à consulter préférablement les ouvrages des auteurs qui ont porté leurs analyses chimiques vers l'agriculture, tels que MM. Boussingault, Payen, Liebig, Molt, etc. Les conclusions à retirer de leurs travaux sont mathématiques et conséquemment sûres, elles ne laissent pas comme les miennes le champ constamment ouvert aux hypothèses. Je dois dire à cet égard que leurs écrits m'ont singulièrement aidé dans mes essais et ma pratique ; ils m'ont expliqué bien des faits, je n'hésite pas à témoigner qu'ils ont contribué pour beaucoup à mes succès et que les analyses qu'ils renferment, m'ont servi à ne jamais perdre de vue ce principe capital : de remettre au sol les éléments que l'on en a distrait.

On a grand tort de dédaigner autant les théories émanant d'agriculteurs de cabinet, de savans ; je vais en donner une preuve entre mille. Un hectare de betteraves magnifiques a dû pour alimenter ce légume, être dépouillé de telle proportion de phosphate de chaux, de potasse, de magnésie ; n'est-il pas nécessaire pour lors de connaître le total de la soustraction commise, afin de lui remettre les engrais aptes à y reconstituer les mêmes éléments.

Cette analyse n'indique-t-elle pas en même temps le motif pour lequel il est à propos de faire succéder à une plante consommant une très forte proportion d'une substance quelconque, une autre qui n'en use presque pas, mais qui s'alimente différemment ? La chimie nous donne la mesure du rôle, que chaque agent appelé à concourir à l'acte de la végétation, joue dans la reproduction des récoltes ; toutefois que nous sommes fixés sur la part d'action que l'eau, l'atmosphère, la chaleur, les amendements, et les engrais apportent dans cette reproduction, ne devient-il pas facile de s'expliquer bien des faits et de prendre des dispositions pour créer ceux que l'on convoite? On parvient, à la vérité, à très-bien récolter en bien fumant et bien labourant ; cependant les indications à retirer des analyses chimiques ont, je le répète, une importance telle, que je conseillerai sans cesse aux agriculteurs empressés de s'instruire et de s'appuyer sur des fondements solides, de prêter beaucoup d'attention aux opinions formulées par des savants recommandables.

Indépendamment de nous faire connaître la base réellement sûre, sur laquelle se fonde le succès en agriculture, l'étude analytique et l'intervention de l'intelligence dans l'art agricole, déterminent le développement des qualités indispensables pour l'alimenter et l'accroître continuellement. Elles font naître dans le cerveau la prévoyance, le raisonnement avant l'exécution, le zèle pour le métier, l'initiative, en un mot, le feu sacré. L'homme possédé de l'amour de l'art et de l'étude, se console des pertes, parce qu'il en perçoit les causes ; son intelligence s'applique à en prévenir le retour ; tandis que le routinier qui attribue les effets au hasard, à la chance, à une puissance occulte qu'il ne lui est pas permis de gouverner, la température, finit par détester son état et se plonger dans l'apathie et l'indifférence.

N'y a-t-il pas lieu de préjuger que, si au lieu de se résigner à cette existence passive, on se mettait en peine de rechercher si l'art ne peut, dans beaucoup de cas, paralyser ou parer les coups résultant des vicissitudes atmosphériques ; cette ardeur éteinte renaîtrait aussitôt que l'on aurait obtenu la conviction que la magnificence de telles récoltes, est due à tels procédés, et que l'atténuation d'un désastre quelconque frappant un terroir, se remarque chez les cultivateurs qui ont eu recours par mesure de prudence à des soins particuliers ?

Ne voyons-nous pas tous les jours de ces exemples dans l'industrie ? Plus un industriel acquiert l'assurance qu'il est l'artisan de son aisance, de l'extension de son commerce, de ses produits, plus son goût pour son négoce, plus ses facultés physiques et morales s'exhaltent, et s'appliquent à le faire fructifier. Est-il admissible que les agriculteurs seraient moins susceptibles d'une ardeur égale, s'ils étaient soumis aux mêmes excitants, s'ils se mettaient davantage sous l'empire du moyen qui les inspire, de l'étude raisonnée des voies qui conduisent au progrès ? — Le but que j'ai poursuivi pendant tout le cours de ce petit recueil de mes propres pensées, se renferme exclusivement dans ces limites :

Provoquer parmi la généralité des cultivateurs, plus de raisonnement de leur part dans leurs opérations, plus de participation active du côté de leur intelligence, plus d'empressement à perfectionner toute chose. Ce serait donc méconnaître ce but s'il arrivait lorsque je ferai la critique d'un procédé suivant moi vicieux, ou que je ferai prévaloir les avantages à retirer d'un autre appliqué d'une manière différente, que de se passionner, soit pour l'une, soit pour l'autre opinion. La passion aveugle, tandis que le raisonnement dans ses déductions, finit par découvrir les conclusions à prendre.

De même on aurait tort de manquer d'indulgence envers le style d'un agriculteur absorbé pendant vingt-cinq ans, par la sollicitude incessante que réclame la profession du cultivateur de la part du corps et de l'esprit. On ne devient habile écrivain, comme habile agronome que grâce à l'exercice et à l'étude. J'ai fait mes efforts pour rendre compréhensibles mes impressions ; j'espère que mes bonnes intentions serviront à en faire excuser la forme.

Comme je ne désire en mettant en évidence ma personnalité que servir une cause digne du plus grand intérêt, une cause à laquelle je consacrai toutes les ressources de mon intelligence et qui par cela même est restée dans mon esprit l'objet du même culte, quoique ne lui appartenant plus comme coopérateur actif, je déclare hautement que je me considérerai comme très largement récompensé de la tâche difficile que j'ai entreprise, si j'apprends un jour que mes conseils ont été expérimentés et que l'on est parvenu à obtenir des résultats plus brillants que les miens, car je constaterai d'après ces faits, que la pensée intime qui m'entraînait malgré mon insuffisance à produire dans le domaine public l'expression de mon expérience, a été comprise et a porté ses fruits en faveur du sujet de mes rêves, du progrès de l'agriculture.

JANVIER.

Un calendrier est le rappel sommaire de la besogne à
faire pendant chaque mois. Ce rappel à mon avis est peu
nécessaire, car tout cultivateur en se levant, arrête
d'après les apparences du temps pour la journée, ce qui
lui parait le plus urgent et le plus opportun à faire, et
d'ailleurs, cette besogne se renferme dans un cadre toujours uniforme. Ce mémento n'aurait donc, ainsi envisagé,
qu'une médiocre utilité.. Mon but, en adoptant cette
forme et en rappelant les travaux de chaque mois, est de
m'entretenir avec mes lecteurs sur les diverses opérations généralement pratiquées pendant sa durée ; de
discuter le mérite des procédés en usage ; de mettre en
vue ceux que l'on pourrait essayer ; enfin, de faire
intervenir leur intelligence au milieu des travaux divers
que leur surveillance passe en revue. Je désire faire
sortir la surveillance de ses habitudes routinières. le
moyen, suivant moi, consiste à exciter sans cesse l'ardeur et le zèle de l'agriculteur, à lui inspirer continuellement l'habitude de raisonner sa besogne et ses ordres.
En tenant ainsi toujours en haleine son raisonnement et
son imagination, ces deux facultés si déterminantes du
progrès, il y a lieu d'espérer que leur perfection lui fera

concevoir avec l'expérience, les moyens de recueillir un jour des résultats supérieurs à ceux que l'on doit à la surveillance journalière assimilée à un simple contrôle du travail.

Ce mois est peu favorable aux labours à cause des alternatives de gelées et de dégel. Cependant, comme l'entretien des chevaux coûte fort cher, il est important de les utiliser à transporter les fumiers, à engranger les meules, à battre les récoltes, et d'occuper les ouvriers de la ferme à couper des racines et des fourrages, à concasser des tourteaux et confectionner des compots avec les boues grasses, des curures d'étables, du purin, de la chaux et des cendres. En pressant ces divers travaux, on se mettra en mesure de profiter en février et mars surtout, des belles journées qu'ils pourront offrir. Il est sage en culture de prendre comme programme de conduite dans la direction du travail ; de déployer dans tous les temps, une très-grande activité, de tirer le meilleur parti des bras, des chevaux, des instruments de travail et des instants. Quand on conserve constamment l'avance, on est à même de la sorte de saisir toutes les occasions favorables à une opération quelconque, on prévient l'encombrement, lequel fait faire de mauvaise besogne, tandis qu'avec de la méthode et de la perspicacité, chaque chose est faite à son heure.

Comme les compots exigent beaucoup de manutention on doit les préparer sous un hangar spacieux fait exprès en dehors de la ferme. En février et mai on sème ordinairement ces compots ; conséquemment s'ils sont abrités, il sera facile pendant les mauvais temps, d'y occuper son personnel, et d'avoir de l'engrais toujours prêt à être employé sur les points où on le jugera nécessaire, aussitôt que le temps le permettra. On peut évaluer à 5 ou 600 hectolitres, la quantité de compots réalisables dans une ferme de 100 hectares chaque année ; ce chiffre indique quelles doivent être les dimensions de l'emplacement couvert, destiné à cet usage.

La base des compots est la chaux vive ; elle sert à recouvrir chaque lit composé exclusivement de boues grasses et de grandes herbes, ou de marc de pommes à cidre, ou de gazons, ou de curures d'étable, ou de fientes de pigeons et volailles. Ces couches différentes sont superposées et séparées entr'elles par de la chaux. On arrose ce tas au fur et à mesure qu'il s'élève avec plus ou moins d'eau de purin, suivant l'état plus ou moins humide des matières employées. La chaux mise en contact avec cette eau produit une effervescence, un dégagement de calorique, lequel produit dans la masse une fermentation et une décomposition active, et, enfin le desséchement de toutes ses parties. Quand les compots ne conservent presque plus d'humidité, on les démonte avec la bêche et la pioche, on les mélange et les réduit en poussière, puis on les charge sur des tombereaux pour les conduire dans les champs où on les dépose par petits tas que l'on éparpille avec des pelles. Les compots qui contiennent beaucoup de matières fertilisantes doivent être semés au semoir à la main, comme la cendre, tandis que dans le cas contraire, comme il est à propos d'en mettre beaucoup plus, les petits tas et la pelle suffisent.

La batteuse donne pendant le jour sa part de besogne, et le soir on trouve à occuper les bras avec les tarares et les cribles dans les greniers, avec le concasseur et le coupe racine dans les caves. Dans le courant de janvier, l'alimentation différente réglée dès le mois de novembre, à l'égard de chaque espèce de bestiaux entretenus ou engraissés dans la ferme, se poursuit pour l'ordinaire invariablemsnt. N'est-ce pas le cas de faire des expériences sur la valeur nutritive des différents aliments et de rechercher à l'aide de ces expériences, quelle est la nourriture la plus rapidement engraissante et à la fois la plus économique ? N'est-ce pas le cas puisque l'on n'est pas distrait par des occupations très sérieuses, de faire des combinaisons de tout genre, de s'appliquer surtout à cette étude si vaste, si fertile en découvertes, l'analyse des causes des effets remarqués ? Evidemment en ouvrant ainsi à l'intelligence un champ immense à explorer ; en s'habituant de la sorte aux recherches comme à la pratique, les connaissances concernant la profession que l'on exerce, s'étendent et aboutissent à résumer un ensemble d'opérations aussi méthodiques que rationnelles.

Quels sont les signes distinctifs auxquels on reconnait l'homme observateur et judicieux ? à sa démarche lente et pensive, à ses arrêts fréquents vis-à-vis ce qui passe sous ses yeux, à ses questions envers ses employés, à ses remarques et à ses essais continuels. Si on l'interroge, il a réponse à tout, il provoque des discussions sur ses réponses, car il n'est pas exclusif de sa nature et il espère voir ressortir de ces discussions, soit la confirmation de ses conjectures, soit des aperçus qu'il n'avait pas pressentis. Cet homme fait l'exception parce qu'il cherche sans cesse à se dégager de l'empire de la routine et à s'instruire. La cause de cette anomalie est dûe à ce que, lorsqu'il était jeune, plein d'ardeur et d'ambition, il a contracté la bonne habitude de raisonner les faits produits sous ses yeux, en leur assignant des causes selon lui déterminantes, en soumettant ses théories à cet égard à d'autres agriculteurs en vue de s'éclairer d'avantage. Cette activité intellectuelle a pour conséquence de développer le goût de la perfection en toutes choses, celui de raisonner les théories que l'on se forme pour s'expliquer des faits ou tenter des essais.

Le cultivateur trouve dans ses longues soirées de janvier de nombreux loisirs, il devrait en profiter pour préparer son plan d'opération de l'année qui s'ouvre devant lui. L'inventaire qu'il a dû faire en décembre le mettra à même de reconnaître les modifications qu'il devra y apporter. La constatation des pertes et mécomptes qu'un inventaire fait ressortir, engage à en rechercher les causes et à les éviter à l'avenir. Cette revue rétrospective lui fera combiner plus méthodiquement, plus prudemment les dispositions nouvelles qu'il doit prendre en dressant ce plan, à l'égard de son assolement, de ses projets d'ensemencement et de spéculation. Ainsi tout en se proposant de semer une quantité quelconque de lin par exemple ; la médiocrité de celui de l'année précédente représentera à sa mémoire, et lui rappellera la cause de cette médiocrité, cause qu'il s'appliquera à faire disparaître désormais. Un inventaire enfin met en relief les faits regrettables du passé et un plan met sur la voie des moyens les plus rationnels, les plus propres à en prévenir le retour ; l'un et l'autre instruisent et conduisent à l'habileté.

Le plan d'une campagne doit embrasser la culture des terres, leur état de fécondité, leurs aptitudes présentes, le parti à tirer des chevaux, des vaches, des moutons et des porcs, suivant la quantité et la qualité des récoltes que l'on a l'intention de mettre à leur usage et que l'on présume devoir obtenir. Quant aux modifications que nécessitera l'intervention de circonstances imprévues, il sera toujours facile de les adopter, lorsque le besoin s'en fera sentir. Il importe beaucoup en le coordonnant aussi longtemps à l'avance, de prendre à son égard les plus grandes précautions, de s'inspirer des lumières et des conjectures que l'expérience et le raisonnement nous permettent de consulter avec fruit.

L'alternât joue dans un plan de culture un rôle si important, que ce serait commettre un grave oubli si je ne faisais ressortir les théories qui en règlent les dispositions. On entend par alternât la succession de récoltes variées. Les cultivateurs sont unanimes pour déclarer que plus on éloigne le retour des mêmes récoltes, plus on a de chances de les voir abondantes. Cette déclaration si nette, se fonde sur l'expérience, sur des faits ; examinons les déductions que l'on pourrait en tirer pour en établir les causes. La chimie nous a appris que les plantes consomment des proportions différentes de tel élément, ont chacune une alimentation particulière. L'observation nous fait voir qu'elles ont des racines fibreuses ou pivotantes ; que celles pourvues de beaucoup d'organes herbacées et fauchées au moment de la floraison, puisaient davantage dans l'atmosphère que dans le sol, tandis que celles qui portaient graine altéraient sensiblement ses facultés productives. En partant de ce principe, nous admettons qu'elles sont plus ou moins épuisantes, qu'elles effritent plus ou moins. Effritement signifie absorption par les végétaux des mêmes substances alibiles. Or en faisant revenir à la même place plusieurs fois de suite, un produit quelconque, ce retour rend la couche de terre végétale impropre à le reproduire, sans pour cela la rendre stérile pour un autre, puisque les éléments favorables à l'alimentation de tout autre sont conservés. Donc, il y a avantage à alterner, à donner à l'atmosphère et aux engrais le temps de réparer la déperdition causée, l'élaboration et la combinaison des éléments indispensables, soit aux céréales, soit aux plantes industrielles. Donc l'agriculteur doit, lorsqu'il dresse son assolement, l'arranger soigneusement suivant cette théorie confirmée par l'expérience des siècles, et prêter plus d'attention aux

analyses des chimistes qui se sont occupés de leur signaler la proportion des éléments qui entraient dans la
constitution des plantes. Ce respect de leur part pour la
chose jugée, aura pour conséquence de leur faire varier
le plus possible leur alternât ; de leur faire rechercher les
moyens de tirer bon parti de toutes espèces de récoltes,
de manière à ménager la richesse de la terre qui l'aura
produite ; de leur faire apporter plus de méthode, plus de
raisonnement dans l'économie du système de culture
auquel il se livreront, enfin plus d'égalité entre les avances
faites au sol et la déperdition qu'on lui fera subir. Telles
devraient être à mon avis, les préoccupations de l'agriculteur, pendant les soirées d'hiver, alors que son esprit
n'est pas distrait par la sollicitude du dehors, qu'il
éprouve le besoin pour ne pas s'ennuyer, d'occuper son
activité et son temps. Le travail de cabinet plait peu, je
l'admets, à l'homme continuellement en mouvement dans
la journée, cependant s'il est convaincu qu'il pourrait en
retirer d'excellents résultats, pourquoi ne s'imposerait-il
pas ce nouveau devoir, comme il s'en impose tant d'autres
moins importants ? C'est une habitude bien utile à
contracter ; c'est le seul moyen d'amener l'intelligence à
diriger les bras ; c'est le moyen enfin de dégager avec
avantage son esprit, des soucis de l'existence et d'une
profession pénible.

FÉVRIER.

Le mois de février donne parfois quelques beaux jours qui dessèchent la superficie des terres ensemencées en blé. L'agriculteur prévoyant doit toujours être prêt à profiter de ces circonstances exceptionnelles, à saisir ces rares occasions d'aider par l'art les récoltes compromises, en ayant sous la main des compôts et des cendres tout disposés à être semés sur ses terres, et de l'avance dans les divers travaux de l'intérieur de la ferme. On sème d'abord ces amendements sur les blés et les prairies artificielles, puis on herse deux fois et on affermit le terrain entre chaque hersage avec un rouleau pesant. Les pluies de mars et avril dissolvent ces engrais, les entraînent à proximité des racines et complètent le raffermissement nécessaire de la superficie du sol soulevé par les gelées et le hersage croisé. On comprend facilement toute l'importance de ce travail d'entretien, surtout dans les terres infestées d'herbes parasites, et combien il serait regrettable de perdre par un ajournement coupable, l'occasion de seconder la nature et de nettoyer son champ. Je signale à dessein le mois de février plutôt que tout autre, si c'est possible, par ce motif, que les sécheresses qui ont lieu de la sorte, n'arrivent qu'à la suite de gelées sèches, lesquelles ont soulevé et déchaussé les plantes, et que le hersage et le roulage produisent cet effet d'enlever sans effort, sans déchirure, les herbes et les tiges de la récolte trop rapprochées les unes des autres, en même temps de raffermir le sol perméable autour des racines de celles que la herse a respectées et isolées. Je soumettais mes prairies artificielles à cette même culture pour les mêmes motifs, et je puis assurer que chaque fois que j'ai pu l'opérer en février au milieu des circonstances favorables que je viens de mentionner, j'ai obtenu des résultats magnifiques comparativement à ceux obtenus sur les coins que je ne soumettais pas à cette opération, dans le but de me renseigner.

Je recommande surtout à l'égard des hersages, de n'employer qu'une herse faite exprès, du modèle de celle que j'ai fait connaitre, car les dents qui présentent une surface de 3 à 4 centimètres et se portent en avant, détruisent trop de plantes et soulèvent trop la terre. La herse ne doit que tracer et diviser sur des surfaces ameublies par les gelées, quand il règne une température sèche, laquelle à son tour ressuie la terre remuée et l'empêche de la sorte de se rallier trop vite. Tout praticien qui envisagera les conséquences utiles de cette opération et les moyens de la rendre efficace, trouvera bien vite les dispositions à prendre pour la confection d'une herse spéciale. Il n'est pas indifférent de se servir pour rouler ces hersages d'un rouleau quelconque. Ceux en pierre bleue, en fonte ou en grés et en deux morceaux sont les meilleurs, attendu qu'ils sont plus pesants, nivellent par conséquent mieux le sol, entassent les cailloux et n'amassent pas de terre en tournant sur eux-mêmes à l'extrémité du champ. La pesanteur de cet instrument doit être en raison de la légèreté du sol et de la difficulté, en été, à écraser les mottes de terre desséchées.

La prévoyance, dit-on, est la vertu des sages : elle est souvent, en culture, la cause déterminante du succès. Donc elle nous engage à presser pendant le cours de ce mois, la terminaison des travaux d'hiver, afin de pouvoir dans le mois suivant, utiliser les hommes et les chevaux à la préparation des terres devant être ensemencées en mars et avril. Dans tous les temps, on doit se mettre en garde contre les éventualités, les obstacles de tout genre, les incidents que la température nous suscite ; mais à cette époque, il est plus important encore qu'en tout autre moment, d'être avancé dans sa besogne, attendu que la semaille de mars comporte une infinité de travaux minutieux que les pluies peuvent retarder ou prolonger.

Comme le succès d'une récolte dépend de deux causes : l'engrais et la culture préparatoire, il importe essentiellement de se trouver libre d'accorder à cette préparation tous les soins qu'elle réclame.

L'engraissement des bestiaux touche à sa fin ; il devient également pressant d'en hâter le terme et surtout de réveiller l'appétit des animaux soumis à un régime substantiel. Les farineux et les tourteaux dissous dans l'eau bouillante et assaisonnés de sel, puis administrés en boissons sous forme de soupe, deux fois par jour, complètent la maturité de l'engraissement. Ces aliments sont plus recherchés des bestiaux ainsi préparés, car les animaux deviennent avec l'embonpoint et l'inappétence lourds et paresseux et perdent même le courage de triturer leur nourriture.

A la fin du mois, quelques cultivateurs plantent des pommes de terre, quand la saison leur paraît favorable. Cette pratique présente cet avantage, qu'elle fait jouir plus vite de leur récolte ; que dans les sols calcaires ou sablonneux, elle leur procure pour se développer trois mois d'une température généralement humide et dès lors presque suffisante à leur végétation complète. Je crois, quand on jugera à propos de planter des pommes de terre en février ou au commencement de mars, que l'on ferait bien d'employer comme engrais les déchets de laine de peigneries, des balles de minette, de trèfle battu ou autres, exposés depuis six mois à la pluie. On ménagerait ainsi ses fumiers en leur substituant des engrais qui coûtent peu, qui sont riches en substances alibiles, déjà en partie décomposées et dont l'enterrement à l'état humide provoquerait, par leur fermentation dans le sein de la terre, le dégagement du gaz acide carbonique et de l'azote favorable aux légumes.

Un proverbe a dit : *Avoine de février remplit le grenier.* Ce proverbe ne peut être interprêté textuellement ; il veut dire, suivant moi, que les ensemencements hâtifs confiés à une terre bien émiettée par les gelées donnaient plus de grain. Ce fait s'explique ainsi : la plante se développe d'autant mieux que le sol est plus perméable et se prête davantage à l'émission dans ce sol de nombreuses bouches d'alimentation. Mais, pour que ce succès se réalise, il faudrait avoir le pouvoir de gouverner la température des mois suivants et d'empêcher les sanves de germer dans ce sol qui ne leur est pas moins propice. Or, si des pluies battantes, des retours de frimas, des sanves surviennent à la suite de cette semaille, n'y a-t-il pas lieu de craindre une amère déception ? Je suis très-partisan néanmoins des semailles hâtives, mais dans les terres qui me font peu redouter l'apparition de ces parasites, dans les défrichements de luzerne et sainfoin et dans les sols légers, parce que cette espèce de terrain ne se relie pas trop, ne forme jamais croûte, réclame comme les défrichements, essentiellement de l'humidité ; et, parce que six semaines d'humidité en plus, humidité que l'on ne rencontre guère en juin et juillet, sont de nature à assurer la réussite d'une récolte dans une terre qui tend sans cesse à laisser vaporiser l'eau qu'elle contient. On ne peut émettre à ce sujet d'opinion absolue, puisqu'il faut envisager avant tout les circonstances au milieu desquelles on opère et les incidents probables qu'il y a lieu de craindre. Ces considérations sont du domaine de l'agriculteur et c'est à lui à les peser et se gouverner ensuite d'après leurs indications.

Parmi les travaux d'intérieur à terminer en février, il ne faut pas omettre celui à exécuter dans les greniers.

A cet égard, je crois utile d'engager les cultivateurs à prendre chaque année la bonne habitude de vanner et cribler leurs grains très-soigneusement, au fur et à mesure qu'ils arrivent dans les greniers. Nous avons pour les bien nettoyer, cribler et épurer, des tarares très-perfectionnés et le crible Pernollet. Avec ces instruments on obtient plusieurs qualités de grains, les supérieures gagnent en valeur et cette valeur amoindrit celle des déchets ou de la qualité intermédiaire, de sorte que l'on recueille, en pratiquant cette manutention, à prix réduit, une masse de grains très-convenables pour faire des moutures.

Examinons maintenant quel est le rôle des farineux dans l'alimentation, et si leur concours puissant n'exige pas qu'on leur accorde une plus grosse part que celle généralement adoptée comme nourriture. Soit que l'on engraisse, soit que l'on élève, la mouture est indispensable, car elle seule achève l'engraissement en le perfectionnant, elle seule rend le lait riche en caséeum et en beurre de qualité. Les tourteaux, les légumes et les farineux ont leur action propre, produisent, associés ensemble, d'excellents effets, tandis qu'isolés, ces effets seraient peu favorables à l'engraissement. Mais la mouture, je le répète, l'emporte sur toute autre nourriture ; conséquemment, le cultivateur au fait de son mérite, prendra volontiers cette habitude de cribler soigneusement tous ses grains afin d'obtenir la plus grande quantité de cette mouture jugée utile, indispensable même,

Le préjudice causé en soignant l'épuration des grains, est plus apparent que réel puisque ces grains acquièrent d'autant plus de valeur qu'ils sont plus purs et que ce préjudice se trouve compensé par deux avantages : la plus-value de la marchandise préparée à la vente d'abord, puis, par l'influence exceptionnelle de la mouture dans l'alimentation des bestiaux.

Je pense, concernant les grains, que l'on ne doit jamais les donner à consommer, même par les chevaux, sans être préalablement réduits en farine. En effet, combien ne trouvons-nous pas de grains perdus dans les litières et les déjections de ces animaux ? Cette perte ne peut être évaluée approximativement et n'offre aucune compensation, tandis que la mouture mélangée avec des fourrages hâchés ou des légumes, excite l'appétit des bestiaux, conserve plus longtemps en empâtant leurs viscères, dans leur canal intestinal, les aliments ingérés et permet ainsi une absorption ou assimilation plus complète de leurs principes alibiles par les canaux chyli-fères ; donc, à volume égal, le grain réduit en farine doit nourrir un tiers ou un quart de plus.

J'engage vivement les agriculteurs à bien peser ces considérations et surtout à les approfondir par des essais, des calculs, et à tenir compte en même temps des avantages sensibles, comme argent, répartis sur les animaux en général. Qu'ils s'attachent surtout à se renseigner sur ce point, à savoir s'ils n'ont pas beaucoup plus de bénéfice à prétendre de la consommation que de la vente des grains ne valant que 10 à 12 fr. l'hectolitre, et à payer 2 ou 300 fr. au meunier pour la mouture de ces grains plutôt que de les cuire ou de les donner sans préparation.

Le criblage sévère des grains, en général, se recommande encore à un autre point de vue non moins sérieux, si on les destine aux ensemencements. Le grain bien renflé, riche en fécule, développe sa tige et ses radicules avec vigueur. Si le sol est fécond et peut continuer cette végétation par ses principes propres, quand la substance laiteuse du grain est épuisée, tout va pour le mieux, tandis que si on conserve dans une semence quelconque, des grains maigres, cassés ou avariés, cette semence ainsi réduite à deux tiers ou trois quarts de son volume, perd ce qui lui fait défaut en terre, sans utilité pour personne.

Nous voyons que la négligence et l'imprévoyance entraînent à des conséquences plus ou moins funestes ; combien chacun doit éviter ces deux défauts et prendre des dispositions assez habiles à la veille des travaux sur lesquels se fondent les bénéfices d'une année entière, tels que ceux de la semaille de mars, pour se préparer de longue main à être bien en mesure de profiter de toutes les circonstances favorables et de pallier les inconvénients que l'on redoute. Parmi ces prévisions se trouvent encore la mise en ordre des instruments aratoires et des harnais, et le transport complet, dans les champs, des fumiers, et du purin dans les herbages.

Peut-être ai-je omis l'exposé d'autres prévisions. Cet oubli n'aurait, après tout, qu'une médiocre portée, car l'agriculteur se trouvera mieux assurément d'un grand fonds de prévoyance, d'activité et de défiance du lendemain, que de mes recommandations. N'oublions pas que le but principal que je poursuis c'est de raisonner la besogne de chaque mois, de visiter la cour et les champs avec les agriculteurs naturellement enclins à fixer leurs pensées et leurs regards vers les détails de leur profession et sur ce qui peut leur devenir plus commode et plus avantageux.

MARS.

Le cultivateur qui aura pris la sage précaution d'engrainer ses chevaux, se trouvera heureux d'avoir ainsi fortifié leurs muscles appelés à déployer leur vigueur pendant la semaille de printemps, laquelle dure deux mois et exige l'emploi journalier d'instruments très-pesants, tels que les extirpateurs. La plupart des semences de mars sont pivotantes ou si elles sont fibreuses, elles tendent toutes à faire pénétrer profondément en terre leurs racines ; cette disposition nous engage donc à faire en sorte d'ameublir la couche arable à la plus grande profondeur possible, afin de faciliter leur extension. Nous avons tous les ans des preuves évidentes de l'utilité de l'ameublissement parfait du sol sur des pièces de terre dont la culture a été peu soignée, où la récolte est devenue médiocre, parce que des pluies battantes ont raffermi à l'excès le sol peu défoncé et peu ressuyé lors de la semaille. Dans ces conditions la croûte superficielle comprime et étrangle le collet de la tige, les racines, de leur côté, éprouvent des résistances dans la couche arable et la récolte dépérit faute d'une alimentation suffisante.

Ce qui démontre encore combien la perméabilité du sol seconde puissamment la végétation, c'est l'expérience

de tous les temps, laquelle s'est traduite dans ce proverbe : *Année de gelée, année de blé.* En effet, lorsque la
température devient douce aussitôt après de fortes gelées,
les céréales d'hiver se développent activement au milieu
d'une couche profondément ameublie par les gelées,
parce que leurs racines, favorisées dans leur extension,
peuvent puiser au loin des éléments nutritifs. Et puis,
combien de fois n'avons-nous pas été à même de remarquer dans les années sèches comme humides, dans une
même pièce de terre, après les semailles de mars, deux
récoltes très-différentes, et la preuve incontestable que
cette différence était occasionnée seulement par celle de
la culture appliquée à l'une et à l'autre. L'ennemi le
plus à redouter à la suite des ensemencements hâtifs des
céréales de printemps, ce sont les sanves. Cette considération a engagé les cultivateurs à semer fin avril. Je
crois qu'il serait à propos, pour obvier à cet inconvénient,
d'ameublir, au commencement de mars, les terres que
l'on connaît sujettes à se couvrir de sanves, de les rouler
et de les laisser ainsi pendant six semaines. Leurs graines
se développeraient et seraient détruites, fin avril, par de
nouveaux hersages, lorsque l'on ensemencerait ces
champs en avoine. On trouverait dans leur destruction
la compensation de ce travail supplémentaire. On peut
se contenter de l'exécuter superficiellement, sans fatiguer les chevaux, avec la herse en bois; ce qu'il importe
le plus, c'est de réduire la couche superficielle en poussière et de la rouler ensuite ; suivant cette disposition,

elle ne tarde pas à être envahie par une grande quantité de sanves, surtout si la température devient douce et humide.

Quand ces travaux préparatoires, prudemment nécessaires, seront terminés, on plantera les fèves et les pommes de terre; on hersera le plus de blé possible, si on n'a pu faire cette besogne en février, on sèmera les compots, on démontera les terres destinées aux œillettes et au lin; s'il fait sec, et si on les juge disposées à pousser de l'herbe, un hersage croisé fait avec l'extirpateur, broiera le fumier, le mélangera et fera évaporer l'excès d'humidité de la terre. Comme le mois de mars n'est pas précisément celui pendant lequel on ensemence beaucoup, sous notre climat et dans les terres froides principalement, je pense que l'on aura toujours raison d'utiliser les jours de soleil en mars aux travaux préparatoires. Au surplus, que l'on fasse des essais comparatifs : s'ils ne présentent pas toujours par suite, des effets également favorables à de plus belles récoltes, il arrivera fréquemment cet autre résultat non moins important, que les terres ameublies 4 ou 5 semaines avant leur ensemencement, seront plus nettes d'herbes que celles entamées et immédiatement ensemencées. Nous voyons donc, d'après ces aperçus, que la température, la nature du sol, ses défauts et son état de fertilisation doivent être envisagés avant tout, et qu'il serait imprudent de les accepter comme des principes absolus, toujours utiles à appliquer. Ainsi à l'égard des terres que l'on jugera à propos d'ameublir longtemps avant leur ensemencement, tantôt il sera opportun de les affermir et de les niveler par un roulage, tantôt on devra les délaisser sur le hersage de l'extirpateur. Toutes ces circonstances inhérentes aux localités et à la saison, ne peuvent être appréciées qu'au moment même par l'agriculteur.

Les plantes qui exigent des sarclages et binages, dispensent de ce luxe de précaution. Comme les fèves et les œillettes supportent facilement les petites gelées et doivent, comme les pommes de terre, recevoir des façons d'entretien, il n'y a pas à hésiter pour compléter leur ensemencement dans le courant de mars, aussitôt que le temps le permettra. Les binages détruiront l'herbe et ameubliront le sol en même temps ; ils corrigeront ainsi la préparation défectueuse qu'il a reçue par le fait d'incidents survenus pendant le cours de cette opération. Quant aux terres à lin et à betteraves, si elles contiennent du chiendent : si on y a semé des tourteaux, des compots, de la suie afin de s'opposer aux ravages des insectes ; on se trouvera généralement très-bien d'un ameublissement préparatoire pratiqué avec l'extirpateur seulement, quinze jours ou trois semaines avant l'ensemencement.

Je dois cependant émettre quelques observations à l'égard de l'ameublissement prématuré des terres, quoique l'on soit peu disposé à m'en contester l'opportunité. La division de la couche arable, le mélange des engrais avec elle, préparent, en les mettant en contact, les éléments de la sève, provoquent la fermentation, l'échauffement dans le sein de la terre, la germination des graines qu'elle renferme ; mais dans les sols argileux, compactes, naturellement collant et humides, il faut se garder de trop réduire sa terre en poussière, dans la crainte qu'à la moindre pluie elle ne se relie trop et exige par suite des façons multipliées. On la défonce le plus profondément possible avec l'extirpateur et on la laisse sur la raie produite par cet instrument. Dans ces conditions elle s'assainit, elle mûrit, selon l'expression vulgaire, elle s'imprègne des gaz de l'atmosphère et s'échauffe sous l'action des rayons solaires. Les sols calcaires et sablonneux demandent une préparation toute contraire par rapport à leur excessive perméabilité et leur aptitude à se couvrir de sauves. Ainsi en les raffermissant avec le rouleau, en divisant à l'extrême leurs molécules, l'humidité se conserve dans leur sein, et les petites graines mises à jour germent sous l'influence de la chaleur ; ces molécules en entretiennent la fraîcheur au moyen des rosées qu'elles absorbent ; enfin un mois après on détruit les parasites, quand on enfouit les avoines.

Ces considérations relatives à chaque nature de sol et à l'opportunité de soumettre ces sols, quelques temps avant de les ensemencer, à ces préparations préalables, ont trop de valeur pour que les cultivateurs ne leur accordent pas toute l'attention qu'elles réclament, aussitôt que la saison leur permet d'aborder les travaux des champs. Ces mêmes considérations laissent entrevoir combien l'usage des semoirs doit être préférable à celui de la semaille à la volée. Dans les semis en ligne, s'il arrive que le sol soit trop raffermi, forme croûte, que l'herbe y domine, comme le grain est toujours trop épais dans ces lignes, le hersage diagonal répété à travers ces sillons en mai, nettoiera cette surface tout en l'ameublissant, l'aérant et la rendant absorbante ; il produira en outre ce résultat utile, celui d'espacer les tiges dans la ligne et de leur procurer ainsi un rayon plus étendu pour s'alimenter. Les semoirs présentent encore cet avantage, d'économiser et d'enterrer la semence à la profondeur jugée nécessaire d'après la température.

La température doit être également consultée, lorsque l'on se sert des rouleaux, de même l'état présent de la terre démoutée. Cet instrument dont le rôle est de diviser à l'infini les molécules de la terre, de les relier entr'elles et d'en former une masse plus ou moins perméable, devient un auxiliaire précieux ou nuisible suivant les cas dans les opérations culturales ; son emploi exige du discernement et de l'apropos.

Ces diverses explications concernant les travaux préparatoires, rendent difficile à déterminer l'époque précise des ensemencements. Les grains semés en mars ou avril donnent également de belles récoltes ; cependant comme il nous est démontré par l'expérience, que les récoltes donnent d'autant plus de grain, qu'elles ont été ensemencées le plus à bonne heure, dans de bonnes conditions toutefois ; que le grain constitue après tout la valeur de ces mêmes récoltes, l'intelligence de l'agriculteur doit

saisir avec empressement toutes les occasions propres à
lui assurer cet avantage, et mettre tout en œuvre pour
combattre, entraver et détruire les causes qui l'engagent
par mesure de prudence, à ajourner chaque année les
semailles. Si son terrain se prête aux plantes industrielles ;
cet ajournement lui cause un préjudice plus considérable
encore que les céréales.

Nous avons reconnu les moyens d'assainir le sol, de le
purger des parasites en provoquant leur germination ;
ces moyens ne suffisent pas dans les terrains froids et
humides ; il s'agit d'y activer la végétation, d'y produire
un échauffement artificiel. La marne et les engrais, en-
trant dans la proportion d'un dixième parmi les éléments
constituant la couche de terre végétale, réunissent,
associés ensemble, des propriétés stimulantes, fermentes-
cibles, actives et plus sensibles à l'influence des agents
extérieurs répandus dans l'atmosphère, les gaz et le calorique. Cette théorie nous est expliquée chaque année,
par les bizarreries apparentes sur un champ, sur un terroir de même nature, ensemencé à la même époque, dans
des conditions identiques. Si l'on s'attachait davantage à
se rendre compte des causes de ces anomalies dans la production, on ne tarderait pas assurément à découvrir des
enseignements pratiques dont on tiendrait cas par suite.
Il est prudent de s'abstenir le plus possible des hersages
quand le temps est pluvieux et humide, on trouve toujours dans la ferme, le moyen d'occuper plus utilement
les hommes et les chevaux. Rappelons-nous bien à ce

sujet, que nous avons rarement remarqué de belles récoltes dans des terres argileuses travaillées pendant les
pluies, à moins de circonstances exceptionnelles, telles
que l'action de la marne et des engrais. Avec de l'activité
on répare par beau temps, les retards occasionnés par les
pluies et surtout si on a eu la précaution de se conserver
en avance dans les travaux d'intérieur de la ferme.

Quand par hasard une pièce quelconque de terre, ne
laisse pas l'espoir de pouvoir être nettoyée en temps utile,
qu'il y a lieu de craindre beaucoup d'herbe et peu de
récolte, et que la saison est humide, il me paraît plus
convenable, dans cette occurrence, d'y semer de la
dravière même sans fumier. La vesce en se ramifiant,
forme un couvert épais, lequel étiole l'herbe. Cette
plante n'est pas difficile, elle est pivotante et s'alimente
dans la couche de terre placée au dessous de celle ordinairement épuisée par les parasites ; conséquemment elle
devient entre les mains du cultivateur qui seconde son
développement par une bonne culture, un auxiliaire
efficace, avec lequel il expurge sa pièce infestée. Je
semais toujours mes hyvernaches et mes dravières dans
mes terres les plus envahies par le chiendent et les
sanves. Je remarquais constamment une amélioration
très grande dans leur propreté et des succès relativement
plus considérables comme rendement en bottes avec des
grains ronds, qu'avec de l'avoine, quoique cette plante
soit une des plus accommodantes.

L'herbe épuise d'abord tout autant qu'un produit de

valeur, et elle prépare ultérieurement plusieurs insuccès consécutifs, en donnant naissance dans ses détritus, par une fermentation continuelle dans le sein de la terre, à une quantité d'insectes qui rongent le germe des grains, aussitôt qu'il apparaît.

On trouvera peut-être que j'entre dans des développements trop étendus ; j'ai cru sagement agir en faisant envisager dès leur point de départ, toutes les conséquences favorables ou défavorables, inhérentes à telles ou telles opérations culturales. J'ai voulu prouver que le succès est souvent subordonné à notre intelligence, à nos soins, à notre habileté, à notre sagacité et à notre activité ; que pendant le cours d'une année, on pouvait en étant sans cesse prévoyant, préparer sa réussite dans les limites toutefois de la puisance humaine, en respectant les prescriptions que l'expérience et le bon sens pratique nous recommandent.

Maintenant revenons dans l'intérieur de la cour et passons y une revue rapide. Les étables se dégarnissent ; il est intéressant avant de combler les vides que le boucher y a causés, de se rendre un compte exact des ressources alimentaires, qui restent dans les greniers à fourrages, d'arrêter le genre de spéculation dont les bestiaux de remplacement seront l'objet et de mettre de côté une grande quantité de pailles propres aux litières d'été, lesquelles devront être d'autant plus fournies que les déjections, quand les animaux sont au vert, sont plus liquides et plus abondantes.

Cette perspective de la transition qui aura lieu en avril de la part des bestiaux, du régime d'hiver à celui d'été, de deux modes différents, fait un devoir au cultivateur de maintenir ceux qu'il conservera, en bon état de chair, par une alimentation toujours également suffisante. On ne passe pas impunément du jeûne à l'intempérance. Si le cultivateur a élevé des agneaux et si ces agneaux ont déjà deux mois, il fera bien d'augmenter la nourriture et le sel dans les boissons et les provendes en légumes, car les jeunes sujets vont en grandissant épuiser de plus en plus leurs mères ; et eux-mêmes ne peuvent bien croître, et leurs mères reprendre de la chair, qu'autant que l'alimentation sera proportionnée à la croissance des uns et à l'épuisement des autres par le fait de l'allaitement.

Les chevaux ne supporteront ces deux mois de travaux pénibles, qu'autant que grâce à l'avoine concassée. Les vaches à leur tour ne prendront immédiatement de la graisse, aussitôt entrées dans les pâturages, qu'autant qu'elles n'auront plus rien à gagner comme chair. Ainsi, la conclusion à retirer des conseils contenus dans cet article, se résument de la sorte concernant les bestiaux : Le travail des chevaux, la laine, la graisse, le lait, le beurre des autres animaux seront en raison de la nourriture spéciale accordée à chaque espèce ; et concernant les travaux de mars, les récoltes à venir seront en raison des soins, des précautions et de l'activité déployés en faveur de la préparation des terres destinées à les produire.

J'oubliais d'observer qu'il est à propos, dans le cas où les minettes seraient manquées, de semer sur la jachère, au commencement de mars, de la vesce, des bizailles ou de l'orge afin de pouvoir en mai asseoir le parc sur cette pièce de terre et compléter le soir, avant de les rentrer, la nourriture insuffisante que les bêtes à laine ont recueillie pendant le cours de la journée. Cette terre recevra outre le parc, dans ses parties médiocres, les fumiers d'été, lorsqu'elle aura été parfaitement pâturée ; elle sera susceptible de la sorte de présenter, l'année suivante, une récolte égale sur toute son étendue.

AVRIL.

Dans le mois d'avril on complète les travaux entrepris en mars en vue de la semaille. Comme les opérations culturales se renferment toutes dans le même cadre, l'ameublissement le plus parfait possible de la couche de terre végétale, je vais pour éviter des redites entrer dans quelques détails concernant la culture du lin et l'ensemencement des prairies artificielles.

La terre destinée au lin doit être soigneusement expurgée d'herbes vivaces et de semences de parasites ; on évitera de la sorte des sarclages onéreux et des entraves dans la végétation. C'est pour ce motif que je disais le mois dernier qu'un ameublissement préparatoire au commencement de mars, trois semaines au moins avant la semaille du lin, quand on avait sujet de redouter sur certaines pièces de terre l'apparition des mauvaises herbes, avait pour effet de faire germer leurs graines. Ce travail préventif est une sage mesure de prudence ; de même celui qui consiste à l'abriter d'ennemis redoutables, tels que les insectes et les rayons solaires.

Les cendres minérales et la suie dont les émanations et les principes sont insecticides semées lors de l'ameublissement préparatoire et incorporées au sol, préservent

4

le lin du ravages des insectes. Quant aux effets nuisibles d'une chaleur trop intense ou d'un vent du nord sec et froid, lesquels gerçent le sol et le dessèchent par ces ouvertures béantes, on paralyse leur action funeste, en mélangeant lors du hersage de la couche de terre végétale, avec ses molécules, quelques voitures de fumier bien consommé à l'hectare, et en le recouvrant après son ensemencement, des fumiers légers des bergeries. Cette couverture épandue avec soin à la main, protège le lin contre le froid et la chaleur, conserve l'humidité causée par la rosée des nuits ou la pluie, empêche lorsqu'il tombe de fortes ondées, la surface de former croûte et entretient enfin une fraîcheur utile autour de la plante et un dégagement continuel de gaz dont elle alimente ses racines et ses feuilles. Cet abri quelque menu qu'il soit, joint au fumier consommé délayé dans la superficie du champ, doit ce me semble faire remarquer combien il est efficace pour entraver la disposition des argiles à se crévasser et entretenir autour de cette plante industrielle des conditions favorables à sa végétation.

Ne perdons pas de vue qu'après le lin, dont la réussite nous fait espérer des valeurs importantes, on sème du blé et que ces deux récoltes consécutives exigent pour devenir toutes deux également abondantes, une fumure largement pourvue des éléments qui entrent dans leur constitution, tels que l'azote, les corps gras et résineux, des phosphates de chaux et autres sels divers. Conséquemment il importe lorsque l'on fume les terres à lin en hiver d'associer au fumier ou du moins de semer ultérieurement sur ces terres des cendres riches en potasse et des tourteaux, si l'on n'en fait consommer en abondance par ses bestiaux. Les avances, en matières alibiles, appropriées à la nature des plantes que l'on désire obtenir magnifiques, doivent naturellement être proportionnées à leurs exigences. Rappelons-nous à ce sujet, un enseignement tiré de l'expérience en culture, que les demi mesures ne réussissent qu'exceptionnellement, qu'à l'aide d'un concours très-rare de circonstances fortuites. Or si nous perdons de vue en fumant notre sol, que nous demandons à une fumure, beaucoup de filasse, beaucoup de paille, des graines grasses, puis des céréales en abondance; pouvons-nous raisonnablement prétendre à autant de choses variées, si nous ne coopérons avec la température pour en préparer la réussite, en gratifiant les racines de ces plantes de tous les éléments que chacune d'elles s'approprie suivant sa nature. Comme ces deux récoltes sont les plus fécondes en résultats pécuniaires, cette considération nous fait un devoir d'épuiser tous les moyens en notre pouvoir, susceptibles d'assurer leur succès dans la plupart des cas, et de nous donner un intérêt élevé de ces avances qu'il nous répugne autant de faire largement.

Ces soins doivent s'appliquer également envers les semences des prairies artificielles. En effet l'alimentation des bestiaux pendant l'hiver, la production des engrais n'est-elle pas subordonnée à leur abondance? Cette abondance ne constitue-t-elle pas la base de la fertilisation ? Est-il indifférent de ne pas lui accorder une part très grande de sollicitude ? Cependant que voyons-nous le plus souvent ? On sème généralement ses prairies sur ses blés et ses avoines sans plus de façon, et l'année suivante, on remarque des vides et peu de vigueur ; on récolte un peu, on fait pâturer beaucoup ; tel est le sort ordinaire des prairies. Tandis que si l'on semait et recouvrait ces graines si délicates au moment du rhabillage des blés, lorsqu'il s'agit de niveler par un hersage léger et de rouler les surfaces ameublies occupées par les céréales d'hiver ou de printemps ; si l'on semait en même temps qu'elles des engrais pulvérulents, tels que le plâtre, les compots et les cendres imprégnées d'urine, il y a lieu de croire que ces prairies gagneraient en taille et épaisseur. Ces engrais sont indispensables, si l'on sème des luzernes et des sainfoins, attendu que leur durée et leur épaisseur dépendent beaucoup du développement de leurs pivots pendant la première année de leur ensemencement.

On comprend facilement qu'une semence recouverte, favorisée dans son essor par des aliments en rapport avec sa constitution, et par de l'humidité, protégée contre les risques qu'elle courrait à la surface du champ, doit donner des résultats bien différents de celle livrée au hasard. L'engrais réparti sur le milieu dans le sein duquel germe la petite graine, milieu si fréquemment appauvri, tantôt par la pluie qui dissout et entraîne dans les couches inférieures les éléments alibiles, tantôt par la chaleur qui en vaporisant l'eau détruit un principe essentiel à l'extension des racines si grêles de cette semence délicate ; l'engrais, dis-je, joue deux rôles importants, celui de substanc enutritive et celui de susbtance absorbante de l'humidité pendant la nuit. Ce concours de circonstances auxiliaires doit donc vraisemblablement seconder le développement d'une tige vigoureuse, laquelle devient ainsi bientôt apte à rechercher quelque temps après sa nourriture au loin et à se défendre avec avantage contre les intempéries qui pourront surgir.

Quand on emploie les semoirs pour la plupart des ensemencements, il devient très facile en avril, époque où les bras sont généralement libres, de nettoyer à la main avec la binette, les céréales d'hiver et après les sarclages de lin, celles de mars les plus envahies par les herbes parasites. Il est regrettable que l'on se rende si peu compte du coût réel des travaux d'entretien des récoltes. On sait bien dire que l'on a dépensé 20 fr. du journal ; mais on néglige de rechercher si le journal similaire non sarclé, a rapporté 40 fr. de moins que le premier, et d'évaluer la gravité des préjudices ultérieurs résultant de l'omission des soins d'entretien. Vers la fin d'avril, les prairies naturelles et artificielles commencent à poindre, la température s'adoucit et la végétation se réveille. Aussitôt que ces circonstances favorables se produisent, les cultivateurs doivent s'empresser de livrer la pointe d'herbe aux jeunes agneaux, venus fin décembre et aux vaches destinées à l'engraissement. L'herbe du printemps est succulente ;

son effet se manifeste bientôt sur les animaux qui en usent à discrétion. En mettant les agneaux au pâturage on les habitue à se suffire à eux-mêmes, à se sevrer ; on les dispose au parcage en mai ; on soulage leurs mères qu'ils épuisent alors à cause de leur taille. Les prairies naturelles doivent servir, les unes aux agneaux, les autres aux brebis fatiguées de l'élevage, à celles qui sont restées jusqu'ici rebelles à l'alimentation d'hiver, et aux bêtes à cornes très avancées en chair sur lesquelles il ne reste plus à loger que de la graisse. Cependant les laitières, à leur tour, se trouvent mieux de ce régime que de celui à l'étable.

Comme il me paraît difficile de satisfaire tous les besoins nécessiteux avec les herbages seulement, l'agriculteur fera un choix parmi ces animaux divers, proportionné à l'étendue de ses herbages, composé exclusivement de ceux qui ne peuvent s'accommoder pour le moment que d'une herbe tendre et savoureuse. Quant au reste, on mettra à leur disposition, soit des trèfles blancs soit des luzernes ou des sainfoins. Si la température est douce, et si les nuits ne sont pas trop froides, on fera bien de fixer au piquet dans les sainfoins et les trèfles blancs, les vaches laitières et celles à engraisser, et dans les luzernes celles à disposer au vélage. Le troupeau de bêtes à laine aura la mission de raser de près le pâturage derrière les vaches et d'utiliser les herbes des friches et des chemins.

Dans le cas où les prés naturels serviraient à l'usage exclusif des agneaux et des brebis ruinées, il est important d'abriter les haies par des fossés et un rejet de terre très-élevé, de la dent des bêtes à laine, lesquelles sont très avides des boutons et détruisent par ce fait les clôtures tout en y laissant des débris de leur toison.

Je parlais de la stabulation au piquet pour les vaches, pour plusieurs motifs : d'abord on gagne de la sorte quinze jours et trois semaines de nourriture verte, alors que cette nourriture est la plus engraissante ; on évite ainsi des frais de fauchage et de transport ; puis en prenant des dispositions convenables, on s'assure jusque fin juin, un pâturage continuellement tendre et subtantiel, attendu qu'il a toujours lieu sur des prairies peu développées, dont la tige ne peut devenir ligneuse, n'étant jamais activée dans son essor de fin d'avril à la mi-juin par une température de 30 degrés.

J'engage vivement les agriculteurs à essayer ce mode de stabulation à la fois si économique et si nourrissant, et à ne pas se préoccuper de la perte des fumiers qu'il paraît causer. Cette perte est plus apparente que réelle, car les terres occupées par les prairies, absorbent complètement toutes les déjections des animaux qui les consomment et conservent un fonds d'humus dont la richesse se fera remarquer pendant plusieurs années à la suite de leur défrichement, sur les récoltes qu'on y ensemencera. Il vaut mieux, à mon avis, si l'on manque de la quantité jugée nécessaire de fumier pour produire une récolte quelconque, suppléer à cette insuffisance provisoire par des compots ou des tourteaux, que de s'arrêter à cette considération peu sérieuse, suivant moi. En effet, n'est-il pas présumable qu'après quelques années de persévérance dans cette méthode, que la consommation en hiver des récoltes abondantes résultant des défrichements de terres puissamment fécondées, procurera une quantité de fumier proportionnée aux emblavures plus ou moins exigeantes de la semaille de mars. Le parcage bien entendu, suffit à la sole de blé, sole que je comprends très-bien fumée en vue de la récolte à retirer sur la jachère et de celle qui doit la suivre. Je répéterai à cet égard ce que j'ai déjà dit dans le cours de cet article : que la fécondation sur la jachère doit-être poussée à l'extrême, afin d'assurer le succès de la plante industrielle ou fourragère qu'on lui confie et de laisser encore au blé assez d'éléments pour compléter la fumure donnée légèrement avec le parc. Ces divers aperçus nous font remarquer que l'agriculteur est appelé, pendant le cours du mois d'avril, à prendre des résolutions héroïques, propres à favoriser d'abord ses intentions spéculatives envers sa sole de jachère dont il doit retirer deux récoltes importantes avec une seule fumure, puis celles à l'égard de ses bestiaux auxquels il a prodigué pendant tout l'hiver des soins dispendieux et les produits de sa dernière récolte. Son énergie et son intelligence doivent donc tendre à couronner les efforts déployés, à préparer ceux de l'hiver suivant, et à retirer de ses fourrages consommés en vert, le plus de profit possible. Les avances en engrais, en moyens de fertilisation du sol, ne sont jamais perdues, même quand la température détruit les récoltes ; leurs effets se font ultérieurement sentir et dédommagent un jour l'agriculteur de cette perte d'intérêts.

Le cultivateur judicieux ne doit jamais hésiter à respecter ce vieux proverbe ; *fais ce que tu dois, advienne que pourra*, et d'ailleurs pourquoi serait-il exonéré plutôt que l'industriel des chances comme des risques et pertes ? C'est une loi de l'humanité, nous devons nous incliner devant la dure condition à laquelle nous exposent les choses périssables et redoubler d'activité et d'énergie pour réparer les déboires et les mécomptes que nous subissons.

J'insistais dans le mois précédent sur l'utilité du hersage des céréales d'hiver ou de leur binage, il serait peu prudent de les r'habiller en avril, on reculerait ainsi leur matûrité et nuirait à la production du grain. En culture chaque opération a son époque, on ne l'intervertit pas impunément, et l'agriculteur n'étudie jamais avec trop de soin, les circonstances au milieu desquelles il aborde une opération quelle qu'elle soit. On peut, par exemple, herser les œillettes à travers les lignes et les pommes de terre, si les unes et les autres sont très apparentes à la surface, si l'herbe paraît les envahir et si l'on n'a pas pour le moment de besogne plus pressante. Ce travail produira toujours, accompli par une température sèche, un excellent effet, s'il est fait avec soin.

La prévoyance est une vertu en culture, en avril et en

août surtout, dans l'un on ensemence et dans l'autre on récolte ; dans l'un elle évite les pertes, les regrets, dans l'autre elle prépare la réussite. Au printemps vu l'instabilité de la température d'avril, il est sage de ne jamais perdre un seul instant et de se préoccuper la veille des travaux que l'on exécutera le lendemain par pluie ou par beau temps, attendu que toutes les opérations culturales ont entr'elles une relation si intime, une valeur si concordante vers le même résultat final, que le moindre retard la moindre négligence, le plus petit oubli réagissent d'une manière souvent déplorable sur l'ensemble d'une semaille ou de la rentrée des récoltes. Il m'arrive toujours d'entrer dans des détails et des théories diverses sur chaque espèce de besogne incombant à chaque mois, suivant les principes que l'expérience des autres et la mienne propre m'a suggérés, je m'empresse de déclarer que je n'ai pas d'autre prétention en les soumettant à mes lecteurs, que celles de les exciter, soit à vérifier leur exactitude, soit à les rendre l'objet d'un perfectionnement plus complet.

MAI.

Au commencement de Mai on sème ordinairement les betteraves et les carottes ; comme ces plantes exigent une culture spéciale préparée de longue main ; qu'elles prennent toutes deux un volume considérable ; qu'elles contiennent de la potasse, du sucre et beaucoup de gaz acide carbonique, l'art est appelé plus que dans tout autre culture à seconder leur végétation. Ainsi en défonçant la terre au sein de laquelle elles doivent se développer, soit avec une bêche, soit avec une fouilleuse à une profondeur de 50 centimètres environ en y comprenant toutefois la surface retournée avec la charrue, elles seront en mesure dans cette épaisseur perméable, d'atteindre le volume dont elles sont susceptibles. Si d'un autre côté on a eu le soin de déposer dans ces 50 centimètres, une suffisante quantité de fumier peu décomposé, et les élément propres à la formation du sucre et de la potasse, éléments que l'on rencontre dans les cendres imprégnées d'urine et les tourteaux ; une fermentation permanente se produira pendant tout le cours de leur végétation, laquelle à son tour laissera échapper du gaz acide carbonique, déterminera la composition du liquide séveux approprié à leurs exigences, liquide que leurs racines et leurs organes herbacés absorberont au fur et à mesure de sa formation.

Je recommande spécialement le fumier peu consommé, par ces motifs : qu'il fermente longtemps, étant à peine décomposé, sous l'influence de la chaleur et de l'humidité ; qu'il maintient la couche de terre végétale constamment perméable et que cette fermentation résultant de sa décomposition lente, laquelle agit sans cesse sur les corps gras azotés et ammoniacaux, sur les sels des cendres et sur les tourteaux, constitue le liquide dont leurs racines s'alimentent. La pluie étend ce liquide, les gaz le transportent dans les canaux, le soleil l'aspire, tandis que les feuilles absorbent les principes fertilisants de l'atmosphère et l'humidité des nuits :

Nous voyons par ce qui précède, toute l'importance des soins préalables à donner à cette culture avant la semaille. Lorsque la température paraît favorable à l'ensemencement de ces grains, il est également intéressant de suivre les prescriptions suivantes : Par exemple de bien nettoyer d'herbe la surface remuée par l'extirpateur, de bien l'ameublir et la niveler, et de pratiquer sa semaille au moyen d'un semoir. Ces graines sont si délicates, si lentes à germer, si longtemps exposées aux piqûres des insectes, qu'il devient nécessaire pour leur préparer un avenir prospère et les abriter de ces inconvénients redoutables, de hâter leur germination et de faciliter l'émission dans le sol de leur germe, de leur

pivot laiteux si casuel et si impropre à vaincre les résistances.

Ces explications, dont l'expérience nous fait entrevoir
la vraisemblance, nous démontrent que dans tous les cas,
les précautions que je viens de signaler, sont très aptes
à favoriser d'une part, une germination plus complète de
la semence, et de l'autre le développement du pivot de
ces plantes. La ténuité des molécules de la terre doit
être, suivant ces principes, en raison de la faiblesse du
germe, et la perméabilité doit être sauvegardée en raison
des proportions que les racines peuvent acquérir. La
première condition exclut souvent la seconde, attendu que
plus une terre est ameublie, plus elle se raffermit, plus ses
molécules se relient sous l'action des pluies. Conséquemment cette action funeste ne peut être entravée dans les
argiles qu'à l'aide du fumier peu consommé et d'une fermentation rendue permanente dans le sein de la couche
de terre végétale par les moyens précités.

Les avances en engrais ne doivent pas être plus épar-
gnées pour les betteraves et carottes que pour le lin, les
œillettes et les colzas, car elles ne les remboursent pas
moins bien que ces plantes épuisantes, par des valeurs
tirées des animaux qu'elles permettent de nourrir en plus
grande quantité, et de la masse de fumiers qui résulte
ultérieurement de leur consommation. Elles représentent
sur ces dernières cet avantage, qu'elles retournent complètement au sol qui les a produites, et qu'elles absorbent beaucoup moins qu'elles de ces éléments qui cons-

tituent la puissance, la fertilité d'une terre quelconque, puisqu'elles s'alimentent surtout de gaz acide carbonique. Laissant ainsi au sol, après leur récolte, une grande quantité de principes nutritifs pour les plantes qui les suivent, lesquels dispensent à la rigueur d'une fumure nouvelle, si on ne lui demande que de l'avoine, on comprend dès lors, toute l'opportunité de leur accorder les avances exhorbitantes que je semble réclamer comme indispensables pour en assurer la réussite.

Je parlais de semaille en lignes ; ce mode d'ensemencement n'est-il pas celui le plus propre à simplifier et à abréger le binage et l'espacement que ces légumes exigent ? Je parlais de dépenses exhorbitantes ; quand bien même elles s'élèveraient à 150 fr. du journal, la rentrée des betteraves en cave comprise, croit-on que ce chiffre doit faire hésiter un seul instant ? Je ne le pense pas, car cette dépense donne la rare occasion d'approfondir d'un seul coup sans inconvénient, la couche de terre végétale, de la féconder suivant son épaisseur, de la nettoyer parfaitement et de la rendre propre à toute espèce de récolte industrielle avec chance de succès. Et les plantes oléagineuses mises dans des conditions semblables après les betteraves, aidées sans de nouveaux frais onéreux dans leur végétation, ne viennent-elles pas à leur tour amoindrir ces frais de fertilisation par la plus value des produits que le défoncement et la puissance de la terre leur ont fait obtenir sans pour cela augmenter ceux nécessités par la culture d'entretien ? Pourquoi s'abstient-on d'approfondir ces labours ? parce que l'engrais fait défaut et que les céréales d'hiver s'accommodent très mal des défoncements, quand on n'améliore point la terre neuve par des façons nombreuses et un double engrais. Mais puisque d'un autre côté on se plait à reconnaitre leur utilité, pourquoi met-on si peu d'empressement à atteindre ce but rationnellement avantageux pour l'avenir d'une exploitation, par le moyen inoffensif que je propose, en assujétissant chaque année le 10ᵉ ou le 20ᵉ de sa culture à celle des plantes sarclées ? Evidemment on parviendrait de la sorte après une période de 10 ou 20 années à concilier entr'eux ces principes contraires, à transformer les facultés productives de son exploitation, à détruire totalement les germes des herbes parasites qui font le désespoir des cultivateurs, et à se couvrir tous les ans sur les deux premières récoltes industrielles, des frais relativement considérables occasionnés par l'emploi persévérant des procédés les plus aptes à rendre la production de la terre de plus en plus progressive. J'admets l'objection que je vois poindre, celle de la surévélation du prix de la main d'œuvre , cependant je répondrai à mon tour : si elle est augmentée d'un tiers, les denrées ont suivi la même surélévation, et les bras ne manqueront que lorsque cette culture sera plus généralement appliquée. En attendant, il est de l'intérêt des cultivateurs d'épuiser tous les moyens de s'assurer les conséquences favorables à prétendre de cette pratique indispensable pour l'obtention d'un progrès sensible.

L'insuffisance des bras pour exécuter les binages et sarclages fait sentir, plus que mes arguments, l'utilité de la préparation du sol avant les semailles et celle des semoirs ; l'urgence de se débarrasser bien vite des germes et des racines vivaces des herbes parasites qui rendent l'intervention des ouvrières de plus en plus indispensable pour les détruire, quand les instruments aratoires n'ont encore porté remède aux dommages qu'ils causent. Les semailles en lignes rendent les binages accessibles à des ouvrières peu familiarisées avec l'usage de la binette. La difficulté de se procurer un nombre suffisant d'ouvriers est un obstacle invincible. Aussi lorsqu'on se trouve exposé à négliger sa culture d'entretien, il est préférable de la circonscrire dans les limites du possible, plutôt que de courir des risques presque certains d'insuccès. Cette considération importante nous engage à donner plus d'extension aux prairies artificielles permanentes, vu qu'elles exigent moins de travaux, relativement que les autres récoltes. Il n'appartient qu'au cultivateur de décider quel est le meilleur parti à prendre en pareil cas, la part plus ou moins large qu'il accordera aux prairies ou aux plantes industrielles sarclées. Je vais compléter ma pensée concernant ces dernières.

La profondeur de la couche arable et la destruction des parasites donne lieu d'espérer, qu'en persistant sans cesse dans une culture soignée et régulière, les produits de la terre s'accroîtront, tandis que les charges qui en absorbent en partie la valeur, se réduiront à leur plus simple expression. Je citerai à l'appui de ces assertions, l'exemple à exciper de la culture des Flamands. Expliquons-nous, après l'avoir comparé avec le nôtre, l'état apparent de leurs terres quelque temps après la semaille et à l'époque de la récolte, quelles peuvent être les causes de la magnificence de leurs produits, nous conclurons assurément qu'elles sont dues à la faible quantité d'herbe que l'on y rencontre, à leurs excellentes opérations aratoires et à la bonne confection de leurs fumiers.

Au commencement de Mai, il me paraît utile de labourer et ensemencer en grains ronds pour les livrer au pâturage, les pièces de terre dont l'apparence, à cette époque, laisse présager une récolte médiocre, d'abord parce que ce pâturage, s'il devient abondant, donnera occasion de gagner de l'argent sur les bestiaux qui le consommeront ; ensuite parce que dans les intervalles dégarnis, laissés par une chétive récolte, l'herbe pousse avec vigueur si le champ est fertile, et cause, si elle s'y égraine, des dommages et des frais ultérieurs.

L'agriculteur aussi soucieux du bénéfice à retirer de son troupeau que du riche engrais qu'il apporte à la terre, s'empresse ordinairement aussitôt que les prairies croissent, de le mettre au parc et se tient à son égard le même raisonnement que je me suis tenu concernant mes vaches en 1842 : c'est-à-dire qu'en mettant tout le personnel animal dehors, la main-d'œuvre se trouve par ce fait singulièrement réduite et que les terres s'assimilent complètement toutes ses déjections pendant sept mois de l'année.

Le troupeau doit autant que possible comporter un nombre de 200 bêtes à laine au moins, pour couvrir largement son propriétaire des frais occasionnés pour sa garde, par le berger et ses chiens. D'un autre côté, l'alimentation de cette quantité de bouches affamées sur lesquelles on ne gagne qu'autant qu'on les repaît avec largesse, dans une saison où toutes les terres sont emblavées, où les terrains vagues aujourd'hui si restreints sont concurremment pâturés, exige de la part du cultivateur, un luxe de prévisions inoui. Il est nécessaire qu'il prépare et échelonne de quoi le nourrir pendant les trois mois qui le séparent des chaumes, de manière à l'entretenir également, et avec le légitime espoir de réaliser par suite des bénéfices assez importants pour le défrayer des pâturages exclusivement consacrés à son alimentation. N'oublions pas à l'égard du troupeau que laine, chair, graisse, fertilisation des terres sont subordonnées, comme quantité et qualité, à celles de ces pâturages, à cette maxime si véridique : *à mal nourrir on perd, à bien nourrir on gagne.*

Si l'on prévoit en avril qu'il est impossible de traverser les trois mois suivant ces prescriptions, il est préférable à mon avis de retrancher provisoirement le troupeau, et de circonscrire celui des bêtes à cornes suivant les ressources du pâturage. Il vaut mieux écouler au rabais une certaine quantité de marchandises absorbantes, réaliser sa perte le plustôt possible sur ce capital animal, que de conserver des sujets si disposés, placés dans des conditions insuffisantes, à doubler et tripler cette perte que l'on hésite autant à subir.

Le caractère de l'agriculteur est naturellement conservateur, je crois qu'il aurait raison de le modifier, de le rendre plus mercantile, plus industriel, plus spéculatif, sa culture y gagnerait assurément. D'ailleurs n'est-elle pas une industrie, n'a-t-elle pas à faire valoir un capital mobilier et immobilier, lequel constitue son aisance et son avenir? Les insuccès des autres le rendent timide, paralysent son initiative, le conservent dans la routine; cependand s'il se rendait bien compte de la cause de ces insuccès qui l'effraient, combien d'enseignements n'en retirerait-il pas? En évitant la cause, tout en suivant les voies nouvelles, il arriverait à perfectionner les détails pratiques de sa profession, à multiplier ses ressources et ses bénéfices.

Quand la semaille est entièrement terminée, puisque les chevaux et leurs conducteurs sont très libres; que les uns et les autres coûtent; que la température est ordinairement sèche en mai, il est à propos d'exécuter les terrassements et transports de matériaux qu'exigent les chemins d'exploitation. Comme dans ce mois si favorable sous tous les rapports, les unset les autres sont dégagés des opérations culturales, l'agriculteur prévoyant doit s'empresser de les utiliser auxtravaux accessoires que comporte toute exploitation, et de faire reconnaître que sa sollicitude si minutieuse pour sa culture, s'applique également aux bâtiments de la ferme, à la cour, au jardin, aux chemins, aux fossés, aux friches et clôtures soumis à sa direction.

JUIN.

Les binages des œillettes et des betteraves se poursuivent et se terminent pendant le cours de ce mois. A cet égard, je crois très important d'observer, lors du second binage des œillettes, comme espacement entre les plantes, une distance de 18 à 20 centimètres. La quantité de la graine des colza et des œillettes, le volume des betteraves est subordonné au rayon plus ou moins étendu, au milieu duquel leurs tiges se trouvent pour y puiser l'air et les éléments nutritifs qui leur sont nécessaires. Cette observation s'applique également toujours dans des proportions relatives aux fèves, haricots et pommes de terre. On comprend que quand le binage est mal exécuté, laisse de l'herbe; quand les tiges sont trop rapprochées, ces récoltes diverses s'affament mutuellement, souffrent suivant leurs exigences et s'effilent dans le cas d'insuffisance de sève au lieu de se ramifier et de former leur graine. L'expérience au reste a démontré depuis longtemps toute l'opportunité d'un sarclage et d'un espacement bien fait envers les plantes; que leur vigueur et leur développement ne se soutiennent que grâce à des soins d'entretien. L'efficacité de ces soins, fut cause de l'invention des semoirs, lesquels facilitent le binage et l'espacement.

On commence en juin à labourer les prairies-jachères au fur et à mesure que les bestiaux les épuisent, autant pour recouvrir leurs déjections que pour détruire les racines des herbes vivaces et faire absorber, par les molécules de la terre, les principes fertilisants de l'atmosphère. Il me paraît utile, en cette saison, de faire passer le rouleau immédiatement sur les labours, afin de prévenir l'évaporation considérable que pourrait causer la chaleur, laquelle rendrait ultérieurement le sol impraticable aux instruments aratoires, et surtout afin de pouvoir, si ce sol n'est pas trop infesté de racines de chiendent et pas-d'âne, y resemer quelque temps après, soit un nouveau pâturage, soit du colza ou du buccaille destiné à être enfoui comme engrais quinze jours avant l'ensemencement des céréales d'hiver. Je n'engagerai jamais trop les cultivateurs à expérimenter ce genre de fertilisation si peu dispendieux, principalement avec du colza, sur des terres devant porter blé, orge ou seigle, récoltes dont ils ont le désir tout naturellement de retirer la plus grande quantité d'hectolitres et de paille possible. Cette expérience, que j'ai faite si souvent, m'a constamment donné d'excellents résultats et m'a bien dédommagé du surcroit de frais et de culture qu'elle me causait. Ces frais et façons ont une médiocre valeur à mes yeux devant les avantages à en recueillir, et d'ailleurs en juin et juillet n'a-t-on pas les loisirs d'accorder à des récoltes dérobées, avec luxe même, les façons propres à favoriser leur réussite ?

De même qu'en mai on doit sans cesse tirer bon parti des chevaux et de leurs conducteurs, parce que les uns et les autres coûtent, et parce que tous les travaux accessoires se rattachant de près ou de loin à l'exploitation, à la ferme, ont leur importance relative.

Vers le milieu du mois commence la récolte du foin, récolte précieuse, s'il en fut, puisque de leur qualité, dépendent les succès ultérieurs à obtenir en hiver par les bestiaux qui doivent les consommer. Cette considération importante m'engage à entrer dans quelques détails pratiques concernant la fenaison. Comment s'opère-t-elle généralement? Avant de mettre les foins en *chaines* ou *moffles,* contenant de 15 à 30 bottes, on laisse dessécher les foins en javelles ; on retourne ces javelles plusieurs fois, on les met en *ouveaux,* puis en *chaines* ou *moffles.* Nous supposons ici que la température est constamment favorable ; mais lorsqu'elle est humide, orageuse, ce qui arrive souvent en cette saison, le foin se gâte d'abord en javelles, sous les *chaines* et les *moffles,* un peu sur les surfaces exposées à l'air libre ; ensuite quand les unes et les autres ne sont pas suffisamment raffermies ou garanties, et quand la pluie les traverse, on obtient du fumier et dans tous les cas un fourrage avarié, malsain. Dans les cas les plus favorables, ce qui touche au sol et se trouve trop exposé à l'air, est d'une médiocre qualité. Donc n'importe sous quelle face on envisage cette manière de récolter les foins, on rencontre beaucoup de risques.

Examinons maintenant, s'il n'y aurait pas moyen de s'abriter de ces risques, de récolter mieux comme qualité en général, par un procédé moins usuel, mais plus rationnèl, en mettant le foin en *cahots* d'une botte. J'emploie les expressions techniques, généralement employées, pour me faire comprendre de la masse des cultivateurs. Ces *cahots* sont façonnés deux ou trois jours au plus après le fauchage des prairies, aussitôt qu'elles se sont enraidies et peuvent se soutenir sans s'affaisser. Il est nécessaire pour obtenir cette raideur de retourner les javelles 24 ou 48 heures au plus après le fauchage : le moment convenable pour cette opération dépend un peu de l'intensité des rayons solaires vaporisant plus ou moins vite l'eau de végétation qu'elles renferment. Finalement je dirai à ce sujet que l'on doit se hâter de favoriser le raffermissement des tiges, afin qu'aussitôt qu'elles paraissent suffisamment ressuyées, on puisse mettre les javelles en *ouveaux*. Aussitôt formés, on les dresse par trois ensemble, en ayant l'attention de leur donner du pied et une forme angulaire, d'assujettir le sommet avec un lien formé de quelques tiges, enfin de disposer ces *cahots* composés d'une botte seulement, de manière à ce que le vent les traverse avec facilité sans les renverser, de même la chaleur, de même la pluie. Si ces *ouveaux* étaient trop pressés l'un contre l'autre, n'avaient pas une assiette convenable, la moindre pluie, le moindre vent les culbuterait ou les affaisserait, la dessiccation ne pourrait avoir lieu aussi rapidement. Lorsque les *cahots* sont bien façonnés, outre que l'on évite les inconvénients que je viens de signaler, on se ménage avec les avantages que j'ai fait ressortir comme condamnant le mode de fenaison en usage, celui de ne pas compromettre l'existence de la luzerne ou du sainfoin repoussant sous leur base. Ces plantes vivaces sont détruites sous les *chaines* et les *moffles* et causent par ce fait un préjudice irréparable.

N'est-il pas évident que les foins ainsi disposés, sont dans des conditions plus favorables, soit pour arriver vite dans les greniers parfaitement secs, soit pour traverser une saison contraire ? Ce procédé n'est pas plus exempt que bien d'autres, d'objections ; mais en culture, je considère comme un sage principe, celui de choisir parmi les inconvénients, le moindre, celui qui vous met le plus-tôt à l'abri des chances funestes que le lendemain nous ménage. Je répèterai en cette circonstance comme à l'égard de bien d'autres, malgré mes déclarations en faveur d'un procédé que mon expérience m'a fait reconnaître meilleur, essayez et comparez avec soin et sans préjugé, avec celui qui vous est familier, c'est le moyen, comme je suis heureux de l'avoir employé moi-même, de vous intruire et d'acquérir un fonds étendu de connaissances pratiques variées, et toutes utiles à votre profession. Si d'une part l'intelligence de l'agriculteur doit s'exercer à reconnaître, par l'expérience, les moyens qui sauvent et font arriver ; elle doit également, de l'autre, s'appliquer à détruire les causes qui déterminent l'insuccès. Ainsi pendant les grandes chaleurs, quand on possède quelques pièces de terre *perdues* d'herbes vivaces, suivant une expression de nos campagnes, l'agriculteur prudent s'empresse de tirer parti de ces chaleurs dévorantes, pour faire dessécher par le soleil les germes et racines des parasites qu'il sait devoir compromettre ses céréales. Je ne suis pas partisan des jachères, mais comme je le suis encore moins de l'herbe, et que je reconnais que la jachère seule peut permettre de détruire certaines plantes à racines traçantes, telles que le chiendent et le pas-d'âne, plantes toutes deux souverainement nuisibles, au milieu desquelles les céréales faibliront toujours malgré un double engrais, je juge la jachère soigneusement suivie, indispensable en cette circonstance. L'extirpateur et le rouleau sont les instruments par excellence en été après un bon labour. En pareille occurrence l'un a pour effet de ramener à la surface les racines traçantes, et le rouleau en atténuant le sol, de faire germer les petites graines délicates. Ces opérations sont inséparables dans la culture d'une jachère et doivent se suivre à peu de jours d'intervalle. Ces deux instruments sont encore utiles pour mélanger le parcage et les fumiers enfouis, pour les incorporer, les répartir dans toutes les parties de la couche de terre végétale et entraver l'évaporation de leurs principes dans l'atmosphère.

Au commencement de juin on fait ordinairement la tonte des troupeaux. La laine et les moutons fraîchement dépouillés de leur toison exigent quelques soins et précautions. Des précautions sont également très nécessaires à l'égard de tous les bestiaux en général pendant les grandes chaleurs, aux approches des orages. Une température étouffante détermine les congestions sanguines, lesquelles sont presque toujours mortelles chez les animaux domestiques. L'habitude et une surveillance incessante font bien vite reconnaître les symptômes avant-coureurs de ces accidents. Quand ils apparaissent, une saignée abondante prévient tout danger ; aussi doit-on redoubler de vigilance en juin, juillet et août, et s'habituer à saigner soi-même. Les engraisseurs font fréquemment des saignées de précaution ; ils motivent cette mesure de prudence par ce raisonnement : que plus la nourriture est abondante et substantielle, plus la chaleur est intense, plus la circulation est active. Or, comme au milieu de l'abondance, les bestiaux se trouvent dans un état de plénitude, de pléthore continuel, rien d'étonnant qu'une congestion survienne sous l'influence de circonstances aussi déterminantes.

Il est bien utile également de savoir pratiquer la ponction dans le rumen, dans les cas de météorisation avancée. Cette opération est très simple et peu dangereuse. Le météorisme ne se déclare le plus souvent que quand les animaux sont en liberté et lorsqu'on leur livre en sortant des étables un pâturage frais et abondant, il vaut mieux modérer leur appétit aiguisé par le repos, d'abord avec un fourrage déjà piétiné, rendu moins friand. Mais, dans tous les cas, je trouve que le pâturage en liberté est

reprochable sur bien des points. Tout agriculteur, dési-
reux de spéculer sur le bétail, a besoin d'étudier un bon
ouvrage de médecine vétérinaire, afin de pouvoir donner
les premiers soins, lesquels font avorter souvent les accidents que le moindre retard dans le traitement causerait.
Les cultivateurs auraient raison d'occuper leurs loisirs
à lire et relire la *Maison rustique du* XIXe *siècle ;* cet
ouvrage d'un mérite incontestable leur donnerait d'excellents principes que l'expérience leur ferait appliquer par
suite avec à-propos.

JUILLET.

Pendant le cours de ce mois, divers travaux importants se déclarent sur la jachère ; ainsi on laboure les minettes pâturées, on récolte la graine de celles que l'on a laissées venir à maturité, on sème du plant de colza, puis on récolte les hyvernaches, les seigles et les orges, C'est à ce mois des grandes chaleurs que l'on applique ce proverbe ; *labour d'été, vaut fumier.* En effet l'enfouissement des herbes et l'ameublissement du sol par temps sec, détermine leur destruction complète et la germination des petites graines qu'il renferme. Dans les argiles, les mottes de terre desséchées ne se désagrègent qu'à la longue, et entretiennent de la sorte dans son sein une perméabilité favorable au prolongement des racines du blé. Les gaz et le calorique que l'on y introduit opèrent, sur les détritus organiques, une coction, une fermentation, laquelle développe la combinaison entr'eux des éléments de la sève. Cette théorie, exprimée par le proverbe précité, nous indique donc que les succès, en céréales d'hiver, dépendent beaucoup de la bonne exécution des labours préparatoires pendant les chaleurs. N'oublions pas que les proverbes sont l'expression abrégée de l'expérience ; qu'il est sage d'en tenir compte et d'appliquer les ensei-

gnements qu'ils renferment suivant la nature de la terre
que l'on cultive. Ainsi un sol sujet à laisser échapper
de son sein les principes volatils qu'il contient, tel que
celui calcaire, doit beaucoup mieux se trouver de la com-
pression exercée par un rouleau pesant, que celui argileux, puisque dans l'un il faut diminuer son excès de
perméabilité, tandis qu'il est à propos dans l'autre de
corriger son excès contraire.

Dans la première quinzaine de Juillet, on sème du
colza pour replanter. La reprise et la vigueur des jeunes
sujets dépendent nécessairement des soins que l'on accordera à la fumure et à la culture de ce plant. Or, si
l'on sème en lignes, si l'on détruit les herbes entre ces
lignes, si l'on égalise et distance convenablement, lors de
la replantation en octobre, les tiges laissées sur pied
pour porter graine l'année suivante, il y a lieu d'espérer
que de toute part, on se sera mis en mesure pour
réussir. Cette culture d'entretien du plant, quand bien
même on l'enlèverait en totalité pour semer en blé la
terre qui l'a porté, n'est pas moins utile à la récolte qui
lui succède, attendu que le binage et la destruction des
parasites aura pour effet, sur cette récolte, de lui ménager
pour l'avenir quelques éléments nutritifs et surtout de
la débarrasser d'ennemis qui lui couperaient les vivres
en s'en attribuant la plus grosse part.

Il arrive souvent que le plant de colza est dévoré par
les puces de terre, au fur et à mesure qu'il apparaît. Cet
inconvénient très grave peut être conjuré en semant de

la suie, quinze jours avant la semaille du colza, sur le champ qu'on lui destine. La suie est insecticide et en même temps un stimulant très actif. On pourrait également lui associer préférablement au fumier dont il est toujours intéressant d'économiser l'emploi, lorsque l'on peut lui substituer un autre engrais non moins efficace, par 42 ares de superficie, 300 kilogrammes de tourteaux d'œillettes et colza, et un hectolitre de fiente de volailles. Le mélange de ces diverses substances fertilisantes, mises dans des proportions aussi élevées, devra assurément seconder la végétation du plant de colza et celle encore de la céréale. Il me paraît très prudent de les enfouir quinze jours avant la semaille du colza, avec l'extirpateur, dans le sein de la terre, afin de tempérer leur excessive activité, afin qu'elles y jettent leur *feu*, lequel pourrait porter préjudice à la semence du colza si délicate et afin qu'elles s'y combinent entr'elles et y élaborent la sève.

Admettons, pour un instant, que ces engrais coûtent, semés sur la terre, 50 fr. par 42 ares, somme qui paraîtra très-élevée ; on doit considérer qu'ils sont appelés à faire pousser deux récoltes successives ; ce chiffre en se répartissant ainsi en deux fractions distinctes devient minime, eu égard aux résultats qu'il doit causer, et acquiert en outre cette autre valeur, c'est qu'en faisant faire une économie de fumier, ce fumier peut servir utilement sur un point qui n'eut point produit sans son intervention. Je comprends l'hésitation du cultivateur devant les avances dont le remboursement lui parait douteux ; mais, dans cette circonstance, il me semble qu'il doit s'empresser de les faire, puisqu'elles remplissent plusieurs buts à la fois.

Après cette semaille arrive la récolte des hyvernaches, seigles et orges, laquelle exige des soins minutieux divers. L'hyvernache est une excellente nourriture, très riche en principes alibiles, et comme elle est très-abondante quand elle réussit, sa rentrée dans les granges devient bien difficile dans les années pluvieuses. Lorsqu'on redoute une température humide, on doit se hâter de faire sécher les *ouveaux* en les retournant fréquemment et de former avec, aussitôt ressuyés, aussitôt que les cosses et leur grain paraissent flétris et retraits, des *moyettes* que l'on recouvre d'un *capuchon* façonné avec deux *ouveaux* éparpillés sur leur sommet, et bien reliés à leur extrémité supérieure par un lien. Ces deux *ouveaux* suffisent lorsque les tiges sont bien réparties autour de la *moyette*, pour empêcher la pluie d'y pénétrer. Ce fourrage ordinairement mou et replié sur lui-même par rapport à la vesce, ne se prête pas comme les céréales à la formation d'une *moyette* bien régulière. Cependant on parvient après quelques essais à constituer des petites *meules* d'une dizaine de bottes, résistant très-bien au vent et à la pluie. L'essentiel, c'est de faciliter l'écoulement des eaux, du sommet à la base. Au bout d'une quinzaine de jours, on obtient ainsi un très-bon fourrage.

Le seigle à son tour, s'il ne contient pas toutefois trop

d'herbe à sa base, peut être lié aussitôt fauché et mis en *lanternes* de neuf bottes. Si le temps est pluvieux on assujettit les épis au moyen d'un double lien et on recouvre cet autre genre de *moyettes* d'une dixième botte que l'on ne lie définitivement sur la *lanterne* qu'après l'avoir minutieusement étendue sur toute sa circonférence. Je crois très-utile, même par beau temps, de le lier aussitôt fauché et de le dresser, car c'est le moyen d'obtenir avec sa paille des liens très résistants. En effet le soleil, aussi bien que la pluie, altère son élasticité ; cette considération engage, dans tous les temps, les cultivateurs à obvier à cet inconvénient, en recourant à cette mesure de précaution, laquelle après tout ne fait pas passer inutilement le temps des moissonneurs. On peut également faire des *moyettes* simples couvertes par deux *ouveaux*, mais ce travail en exige plus tard un autre, et n'est indispensable que quand le seigle renferme beaucoup d'herbe, qu'il serait dangereux d'enserrer dans un lien. En temps de moisson, il importe assurément beaucoup d'abréger la besogne ; cependant il ne faut jamais perdre de vue l'objet principal vers lequel on tend, ni la manutention que cet objet nécessite. Les épis du seigle ainsi disposés en *lanternes* non couvertes, quand le temps est beau, se sèchent ; le grain se pare très vite, et sa paille étroitement reliée ne laisse pas pénétrer une chaleur qui nuirait à sa souplesse. Enfin ce mode permet, pour les récoltes nettes d'herbes, une rentrée très prompte et exempte de tout dommage.

De toutes les récoltes, l'orge est celle qui supporte le mieux la pluie, mais elle est, d'un autre côté, celle qui exige la dessiccation la plus complète à l'air libre, à cause de ses *barbillons*. Souvent elle ne contient pas d'herbe ; dans ce cas on fera bien de la lier comme le seigle, aussitôt fauchée, et de la mettre se parer en dizeaux de quinze bottes, les épis tournés vers le vent du sud-ouest. Il serait dangereux de la laisser par terre, quand le temps inspire des inquiétudes, car elle germe très vite ; tandis que lorsqu'elle est disposée en dizeaux en face du vent, les barbillons des épis pendans, servent de conducteurs à l'eau et le moindre souffle sèche l'épi. Il est important de bien soigner la confection de ces dizeaux vu que même par un temps favorable, leur rentrée ne peut guère avoir lieu qu'après une quinzaine d'exposition au grand air des épis de l'orge. Si on les rentre trop tôt, les *barbillons* se cassent sous le fléau avec les plus grandes difficultés ; la séparation du grain d'avec cet appendice incommode ne s'obtient que d'une manière incomplète et au détriment du grain que l'on se trouve contraint de froisser vigoureusement.

Vers la fin de juillet, les cultivateurs se rappelleront encore un autre proverbe non moins sérieux que celui que je leur citais pour le commencement : *la prévoyance est la vertu du labourer.* En effet, à cette époque, on est à la veille de récolter, puis de semer, d'avoir sur les bras des travaux de toute nature sur lesquels reposent les résultats poursuivis pendant une année entière ; or combien ne devient-il pas intéressant de classer chaque chose suivant son importance relative, de se tracer ce programme : je vais faire battre mon seigle aussitôt rentré, afin que mes moissonneurs, libres encore jusqu'à la rentrée des blés, puissent utiliser à faire des liens les courts instants de loisir que la pluie pourra leur laisser ; mes domestiques et mes chevaux suivront activement la culture des jachères débarassées de leurs récoltes, afin qu'ils puissent entamer de suite celle des dessolements qui me restent à labourer ; je prévois que telle partie de terre ne sera pas suffisamment fécondée, je vais y semer du bucaille ou du colza, lesquels me donneront une demi-fumure quand je les enfouirai en septembre, et complèteront dans mon sol les moyens d'entretenir la pousse de mon blé, jusque la récolte de l'année prochaine ; enfin ma vigilance redoublera d'ardeur, afin de laisser le moins possible à la chance, au hasard et à la discrétion de mon personnel. — Telles doivent être, ce me semble, les préoccupations de l'agriculteur en juillet. Puisque je suis dans les proverbes, je produirai encore celui-ci : *Un homme prévenu en vaut deux.* Donc, suivant cette maxime, le cultivateur, en se traçant le programme que j'ai développé, se tirera beaucoup mieux des embarras qu'il aura prévus, dont il aura embrassé toutes les faces, que celui qui vivra au jour le jour, et ne sera guidé dans ses inspirations que par les circonstances du moment.

AOUT.

Il est du devoir de l'agriculteur, pendant le cours de
ce mois, où il recueille les fruits de ses soins de l'année,
de se rendre bien compte, en surveillant la rentrée de
ses récoltes, pourquoi quelques-unes d'entr'elles, n'ont
pas rendu ce qu'elles auraient pu rendre, si c'est le fait
d'une culture peu soignée, ou celui d'une fumure insuffisante. Puisqu'il n'accepte cette profession pénible, que
dans l'espoir d'élever avec plus d'aisance sa famille, d'y
gagner de l'argent, la satisfaction de ses désirs ne peut
s'accomplir qu'autant qu'il fera sans cesse des remarques, qu'il corrigera ses défauts ; en un mot qu'il mettra
en œuvre toutes les ressources propres à faire progresser
la qualité et la quantité de ses produits. Il y a lieu de
craindre, s'il ne s'attache pas à faire des observations
sur chaque champ qu'il fera moissonner, qu'il ne retombe
dans les mêmes fautes.

Cette revue rétrospective de sa part, pendant la moisson, est d'autant plus opportune en cette circonstance
spécialement, que six semaines après, il aura à semer
les mêmes récoltes. Donc afin d'obtenir davantage, il a
besoin d'examiner si la culture, le nettoyage et la fumure
de sa sole de céréales sont dans des conditions meilleures

7

que l'année précédente. Au commencement d'août, il reste jusqu'aux semailles, un temps plus que suffisant pour prendre toutes les dispositions nécessaires. Elles reposent toutes sur l'activité du cultivateur et ses avances en engrais auxiliaires, si sa fosse à fumier lui fait défaut.

Cette sollicitude toute d'avenir est importante, celle du moment, celle de la rentrée des récoltes, ne l'est pas moins. Leur valeur s'estime suivant l'état dans lequel elles sont reserrées dans les granges. Cette considération majeure fait une loi absolue à l'agriculteur pour peu qu'il entrevoie des pluies durables, de dépenser 4 à 5 fr. de l'hectare pour faire mettre ses récoltes en *moyettes* couvertes. La meilleure moyette à mon avis, est celle qui ne contient que de 6 à 7 bottes, qui est bien dressée en pyramide et protégée à son extrémité supérieure par deux *ouveaux* solidement reliés entr'eux au point extrême de la base de la tige, et dont les épis sont étendus avec soin, sur sa circonférence. Pour qu'une *moyette* puisse résister au vent, il est nécessaire qu'elle soit assujettie par trois liens. Ainsi l'un fixe les épis de trois *ouveaux* assemblés ensemble, évasés à leur base, autour desquels on met une double enveloppe d'autres *ouveaux*. Le second lien a pour objet d'en relier le sommet, avec celui de la première botte, autour de laquelle on les groupe ; enfin le troisième en se superposant sur les deux ou trois *ouveaux* formant toiture, consolide l'union entr'elles de ces trois parties.

On doit comprendre que des *moyettes* façonnées suivant ce procédé, ni trop grosses, ni trop faibles, dont le grain est sauvegardé contre l'intempérie, se prêtent à la dessication de ce grain ainsi abrité et à celle des herbes qu'elles renferment à leur base, puisqu'elles ne sont pas assez épaisses pour intercepter le rayonnement de la chaleur externe et l'introduction du vent, ni pour déterminer dans l'herbe une fermentation putride dangereuse. Elles présentent surtout au cultivateur cet avantage heureux pour lui en pareille occurrence, c'est qu'il peut attendre sans le moindre inconvénient leur rentrée, et poursuivre sans arrière pensée, le cours du fauchage de ses récoltes lesquelles se battraient sur pied, s'il tardait à les mettre bas. Ne vaut-il pas mieux s'exposer à perdre deux ou trois cents francs que deux ou trois mille francs ? On s'assure contre l'incendie par une prime ; pourquoi hésiterait-on, quand on prévoit des risques, à assurer son esprit, comme les soucis et les regrets ?

Le moment opportun de faucher une récolte quelconque se manifeste, quand l'épi et le tiers de la tige qui le supporte paraissent complètement mûrs. Pour peu que l'on attende la dessication des deux autres tiers, on s'expose à voir des tiges cassées et couchées sur la terre par le vent, et du grain secoué ; rien d'étonnant, la paille sèche ne plie plus, elle se rompt, la sève seule entretient la souplesse.

Toutes ces considérations paraîtront peut-être minutieuses ; cependant elles acquièrent en temps de moisson, toutes, une grande importante relative, et démontrent à chaque instant, que l'incurie sur un point, en apparence futile, peu grave, prend des proportions considérables par les conséquences ultérieures qu'elle peut entraîner. Or pour peu que l'on contracte l'habitude de ces négligences dans les détails ; on s'expose à se créer par leur réunion, une cause très-grande de mécompte et de stagnation dans une situation toujours précaire et anti-progressive. Puisse cette perspective malheureusement trop exacte, rester sans cesse sous les yeux de l'agriculteur, afin de l'engager à en contracter de toutes contraires quand il est jeune encore, quand l'empire de la routine n'a pas paralysé sa volonté et ne l'a pas rendu inaccessible aux bons conseils.

Au fur et à mesure que les terres sont dépouillées de leurs récoltes, la vaine pâture s'agrandit. Le cultivateur prévoyant s'empresse d'augmenter le nombre de son troupeau, suivant l'étendue des ressources alimentaires que le pâturage parait lui offrir. Il utilise ainsi sans qu'il lui en coute davantage, avec profit pour la fertilité de son exploitation, des épis et des herbes qui infesteraient ses chaumes. Un tiers de plus de moutons, augmente d'autant le parcage, bien supérieur en cette saison, à celui pratiqué pendant les chaleurs de juin et juillet. Comme cette augmentation porte sur le parcage de trois mois, la fumure supplémentaire qui en résulte, ne laisse pas que d'être importante ; de même le bénéfice à réaliser sur les bêtes à laine, qui auront pris de la chair, depuis leur achat jusques leur vente, vers la Toussaint.

Dans cette prévision, le cultivateur fera bien de conserver en réserve, un capital nécessaire, pour profiter des circonstances qui lui sembleront au commencement d'août, favorables à cette spéculation si intéressante à plus d'un titre.

Puisque je suis sur le chapitre relatif au troupeau, je crois à propos de mettre sous les yeux des cultivateurs qui se livrent à la reproduction des bêtes à laine, quelques opinions à son sujet. Doit-on faire venir ses agneaux vers la fin décembre, ou vers la fin du mois de mars ? Ces deux modes ont leurs partisans. Ceux qui les font arriver fin mars, font valoir comme motif de leur préférence pour cette date : que de la sorte les brebis coûtent moins à nourrir, attendu que six semaines après, elles trouvent dans les minettes, les moyens de réparer leurs forces épuisées, une nourriture verte très favorable à la production du lait, un pâturage très tendre auquel les agneaux participent un peu, pâturage qui permet enfin à ces derniers, de moins fatiguer leurs mères.

Ceux qui adoptent la fin de décembre comme époque de la parturition de leurs brebis, prétendent à leur tour ; que les agneaux précoces acquièrent pendant les trois ou quatre mois qui les séparent du pâturage, par leur développement prématuré, plus d'aptitude à consommer avec profit, les prairies qu'on met à leur disposition, qu'ils peuvent être isolés de leurs mères, dès l'ouverture du pâturage, et leur faciliter ainsi les moyens de s'en sépa-

rer ; qu'ils sont assez vigoureux quelques semaines après
pour supporter le parc et se défendre au milieu de leur
alimentation commune avec les brebis. Ces agneaux,
disent-ils, présentent lors de la rentrée du parc plus de
branche que les tardifs, supportent beaucoup mieux
qu'eux les longues nuits de l'arrière saison, enfin leur
valeur et celle que gagnent leurs mères qui en sont
sevrées au moment où elles sont en mesure de s'approprier exclusivement les bénéfices d'un pâturage abondant
et substantiel, compense largement l'entretien dispendieux que les uns et les autres ont nécessité pendant le
cours de l'hiver.

Je ne dissimule pas que je suis très partisan de ce
dernier mode par ce motif qu'il est toujours convenable
de bien nourrir, en tout temps, les brebis destinées à la
reproduction. Or en quoi consiste la différence de nourriture entre les unes et les autres ? C'est que les brebis
prêtes à mettre bas, reçoivent dans leurs boissons des
moutures et des betteraves hachées, afin d'accroître leur
lait, plutôt que les autres, trois mois de plus. Cette
économie ne roule donc que sur quelques sacs de déchets
de grain et sur un hectare de betteraves pour 150 agneaux,
car pour ce qai concerne la nourriture avec des fourrages,
j'estime qu'elle doit être la même pour toutes, dans tous
les cas. Le point important est de produire beaucoup de bon
lait, quand les agneaux sont arrivés : ce but est atteint
suivant moi, en ajoutant au régime d'alimentation suivi
uniformément partout, ces nourritures auxiliaires que je

recommande, la bettrave et la mouture dans les boissons. On ne peut raisonnablement pas nourrir des brebis avec de la paille de froment exclusivement, il leur faut, ou du bon foin, ou des fourrages à grain ; donc l'économie que l'on poursuit en reculant la parturition à la fin de mars, ne me paraît pas équivalente aux avantages que procure celle qui a lieu en décembre.

Si l'on recherche l'agnelage du 15 au 30 décembre, il faut songer à livrer les brebis aux béliers du 15 au 30 août. Le cultivateur n'apportera jamais trop de soins dans le choix des uns et des autres. En effet que peut-il résulter de brebis et de béliers usés, d'une faible complexion, mal conformés, couverts à peine d'une toison grossière ? Nécessairement des produits similaires plus défectueux encore, pour peu que le régime auquel on les soumettra plus tard, laisse à désirer. On s'abstient fréquemment de la reproduction des bêtes à laine, parce que observe-t-on, on perd beaucoup de mères et d'agneaux pendant le cours de l'année ; parce que quand à la Toussaint, on fait la récapitulation des profits et pertes, quand on examine la quantité d'hectares de nourriture de tout genre livrée au troupeau, on trouve que cette spéculation est souvent désastreuse. Je m'empresse de reconnaître que ces faits sont exacts dans bien des fermes ; mais d'un autre côté, je m'empresse de témoigner en réponse à ces récriminations, que généralement je remarque aussi une absence complète de ces soins minutieux qui doivent présider à la reproduction des espèces, qu'on confie trop au hasard. Or comme le hasard punit bien plus souvent la négligence, que le succès récompense même une sollicitude prévoyante et continue, il est sage en cette circonstance très-délicate, de s'abriter par des précautions, des dures leçons qu'il nous donne, en prenant des dispositions telles que l'on aie lieu d'en attendre à la fois à la rentrée du parc, des brebis parfaitement remises en chair, et des agneaux très-vigoureux. La mortalité, quand la nourriture est également abondante pendant toute l'année, ne résulte souvent pour les uns comme pour les autres, que d'un excès de plénitude, tandis que s'il règne des alternatives d'abondance et de disette, la diarrhée, les congestions sanguines en emportent beaucoup plus, et leurs débris ne peuvent-être utilisés. Combien de soins n'a-t-on pas à prendre pour bien récolter ? A plus forte raison, doit-on en prendre à l'égard d'êtres animés, d'une plus grande valeur relative, d'êtres plus enclins à échapper à notre vigilance !

Un troupeau de 300 bêtes à laine bien soigné, coûte comme frais de garde et de pertes normales, 1,000 fr. par année, et rapporte depuis 0 jusques 4,500 fr de bénéfices au maximum. N'est-il pas souverainement intéressant de viser à ce maximum, d'étudier soigneusement les voies qui y conduisent ? Le troupeau est dans une exploitation une source considérable destinée à déverser la fécondité dans les champs et de gros revenus dans la bourse du cultivateur ; conséquemment son importance la recommande d'autant plus à l'attention de celui qui

est appelé a en diriger le cours. Remarquons bien, qu'en
culture, le bénéfice et le progrès ne se réalisent que grâce
à des affluens divers très-nombreux, que l'intelligence
de l'agriculteur, fait arriver à un centre commun, plus
ou moins chargés de produits ; dès lors que l'agriculteur
réellement habile est celui qui s'est appliqué de bonne
heure, à étendre son empire sur tous, à en recueillir
tout ce qu'ils sont susceptibles de donner.

Je me lance souvent dans les digressions plutôt que de
suivre rigoureusement l'analyse des travaux du mois ;
cet entrainement de ma part s'explique. Les convictions
profondes sont sujettes à s'exalter dans l'espoir de les
faire partager aux autres. Mais revenons à la besogne à
faire en août. Les travaux aratoires consistent à retourner avec la charrue, les dessolements de la jachère et à
faire passer l'extirpateur dans ceux labourés depuis
longtemps, sur lesquels apparaissent les herbes adven-
tices. Je me suis toujours très-bien trouvé de la division
complète, de la bande de terre retournée par la charrue,
à l'aide de herses armées de dents en fer très pénétrantes.
Les bons résultats que j'ai obtenus m'ont fait penser que
plus l'ameublissement était parfait, plus il facilitait le
mélange des parties constitutives de la couche arable et
rendait cette couche susceptible de se prêter à l'extension et à l'alimentation des racines. La combinaison des
détritus organiques avec les sels minéraux, s'opère, me
disais-je d'autant mieux dans le sol au moyen des agens
extérieurs que l'on y introduit, les gaz de l'atmosphère

et la chaleur. Or, les engrais étant de la sorte bien répartis entre les molécules, et les herbes traçantes complètement détruites, tout concourt à faire vivre, ramifier et prolonger profondément les racines des céréales.

Dans les sols trop perméables, les rouleaux pesants corrigent en les raffermissant, les inconvénients qui se produiraient par suite, par le fait d'une évaporation trop grande si on ne les comprimait pas. Dans les terrains compactes au contraire, quelques petites mottes de terre desséchées, y entretiennent une chaleur et une perméabilité utiles à la décomposition des engrais, à leur transformation en sève, à la conservation jusqu'aux gelées d'une élasticité indispensable aux racines, élasticité que des pluies battantes feraient complètement disparaître dans un sol atténué, s'il est trop disposé naturellement à se gâcher.

SEPTEMBRE.

Dans la première quinzaine de septembre, arrive ordinairement la récolte des fèves et des secondes coupes de foin. J'ai fait prévaloir en juin, combien l'usage des *cahots* était préférable à tout autre mode, pour obtenir plus vite les fourrages. Je disais à leur égard, la chaleur et le vent les pénètrent plus facilement ainsi, que des *moffles*.

Comme en septembre, le soleil est peu ardent et le vent plutôt humide que sec ; comme les prairies se conservent mouillées, pendant la plus grande partie de la journée, les considérations précédentes témoignent suffisamment que le seul moyen de les obtenir passables, en cette saison, souvent en outre pluvieuse, c'est de les mettre en *cahots* comme en juin, aussitôt que les javelles ont perdu leur eau de végétation. Cette recommandation s'applique également aux fèves, qui, lorsqu'elles sont dressées, conservent à leur bois et à l'enveloppe de leur graine, les qualités nutritives qui les distinguent.

Un autre soin important incombe en même temps, à cette première quinzaine du mois, l'épuration rigoureuse des graines destinées à être semées. L'épuration a pour objet, de séparer de la semence, les grains maigres, avariés et ceux d'une autre espèce, de ne livrer à la reproduction que des grains très-renflés, afin qu'ils soient aptes à alimenter plus longtemps et plus abondamment, avec leur fécule, transformée en suc laiteux, pendant la première phase de la végétation, le germe de la semence et les radicelles, auxquelles ce germe donne naissance. Les déchets provenant de l'épuration ne sont pas perdus ; on les passe de nouveau dans un autre crible, et l'on en retire du grain très convenable pour les besoins du personnel de la ferme, et de quoi faire des moutures en hiver pour les mères à agneaux.

J'ai fait plusieurs expériences sur les semences ; j'ai toujours constaté en faveur des grains très-épurés une taille uniformément supérieure à celle des blés passés seulement au tarare, sur des champs identiquement semblables comme qualité, culture et fertilité. Aussi je poussais cette opération jusqu'aux dernières limites, au moyen du crible Pernollet, au point que je ne retirais qu'un tiers comme semence, de la quantité de céréales que je mettais de côté pour mes ensemencements. Ce fait me fit penser que plus le suc laiteux est abondant, plus le germe et les radicelles acquièrent de taille et de vigueur, et plus ces radicelles donnent naissance à de petites racines et de spongioles pour aller puiser au loin dans la terre, des principes nutritifs pendant la seconde phase de la végétation.

J'ai tracé la besogne sur les récoltes et dans les greniers, il en existe encore une autre non moins essentielle à bien soigner, dans la sole qui doit bientôt être ensemencée. Il est nécessaire que la terre soit débarrassée des herbes et racines traçantes, qu'elle soit très unie et profondément ameublie, afin que le semoir puisse y tracer ses sillons sans effort, et y bien répartir, la semence, à la profondeur que la température sèche ou humide indiquera comme étant la plus convenable.

Je me permettrai concernant l'usage du semoir la reproduction de quelques observations que j'ai déjà faites à son sujet. Ainsi, je ne comprends pas pourquoi il n'est pas plus répandu, aujourd'hui que les cultivateurs en général en apprécient toute l'utilité. Ils savent cependant que l'on économise en l'employant, sans le moindre inconvénient, un tiers ou un quart de la semence ordinairement semée à la volée, suivant que l'on ensemence tôt ou tard ; qu'on la répartit infiniment mieux, et comme elle se trouve en lignes, que si les herbes envahissent le champ emblavé, le binage rendu facile par les intervalles existant entre ces lignes, permet en avril, de débarrasser sans qu'il en coûte beaucoup, la plante utile des parasites qui lui disputeraient sa nourriture. Je considère comme un précieux avantage, celui de pouvoir graduer la quantité de la semence d'après la qualité et l'état de fertilité de la terre, d'après l'époque plus ou moins avancée de la saison ; de pouvoir si le besoin s'en fait sentir, donner presqu'en tout temps, une culture d'entretien profonde ou superficielle. L'art peut, grâce à cet instrument propice à diverses combinaisons, contribuer puissamment à revivifier une récolte gravement compromise par des causes toutes étrangères à la fécondité du sol. S'il fait sec on peut enterrer la semence à une profondeur de 8 ou 10 centimètres ; s'il fait humide on peut se borner à celle de cinq à six : aucune graine n'est ramassée par les pigeons ou les corbeaux, comme aucune autre ne se perd ainsi qu'il arrive souvent avec le binot, au fond du sillon ; dans les terrains calcaires, le collet des tiges est moins exposé à se déchausser après l'hiver et en même temps à se dessécher sur pied ; enfin cet instrument permet presqu'en tout temps de corriger les dommages qui apparaissent dans la récolte, sans frais sensibles et sans difficulté.

Une autre pratique se recommande encore en septembre à l'attention des cultivateurs, le chaulage ; beaucoup d'entr'eux le dédaignent, parce que, disent-ils, ils n'ont jamais de blé carié. Je n'hésite pas à avancer néanmoins, que le chaulage n'a pas une importance moindre que l'épuration et l'emploi du semoir. La chaux, le purin, la saumure que l'on associe ensemble pour cette opération, activent la germination, détruisent en se fixant autour du grain, les germes de carie, éloignent les insectes si disposés à se repaître du suc laiteux qui se produit dans le grain aussitôt qu'il est germé. Le chaulage devient donc ainsi pour lui, un agent protecteur et auxiliaire.

Voici les détails du procédé en usage chez moi. Je mettais dans un grand cuvier de 12 à 15 hectolitres de purin, 6 à 8 litres de saumure et six décalitres de chaux vive. Je faisais remuer ce mélange, quand j'étais prêt à brasser ma semence.

Je mettais cette semence dans des mannes contenant un demi-hectolitre ; j'immergeais l'une d'elles dans ce bain et lorsque le grain me paraissait suffisamment saturé de cette eau alcaline, je faisais égoutter péndant un instant cette manne en la posant sur une traverse placée sur le cuvier. Je continuais de la sorte jusque l'épuisement complet du tas à chauler, en substituant à la manne égoutée, celle sortant de la cuve. Je remettais ce grain mouillé en tas ; et comme le lendemain il était à peu près sec, très renflé et peu poudreux, on le semait. La saumure empêche la chaux de poudrer et détermine plus d'adhérence autour de la pellicule du grain, des éléments féconds, du purin et de la chaux. Quelques cultivateurs emploient de l'arsenic, du vitriol, de la soude ; je crois que ces ingrédiens ne sont pas plus efficaces que la chaux et le sel contre le carie, tandis qu'ils présentent de grands dangers.

Maintenant que tout est prêt pour la semaille, il nous reste cette importante question à vider : Quand doit-on semer ? Je répondrai, les époques les plus convenables pour notre département, sont à mon avis, celles du 20 septembre jusqu'au 10 octobre inclusivement dans les terrains froids et compactes, et du 10 au 30 octobre, dans ceux qui sont légers et chauds. Je me fonde pour préciser ces dates plutôt que d'autres, sur ce raisonnement ;

semer tard dans les terres froides, c'est s'exposer à voir les pluies si communes en cette saison, faire disparaître la chaleur que contenait la couche arable, chaleur nécessaire puisqu'elle provoque la germination des grains, leur végétation ensuite et l'effervescence des éléments séveux. Une terre trop humide à l'arrière saison, n'a plus une activité suffisante, souvent les herbes traçantes s'emparent de la surface, beaucoup de grains pourrissent au point que souvent on est obligé de resemer ; on réussit rarement mieux la seconde fois toujours par rapport aux mêmes causes : parce que cette nouvelle culture n'a pu redonner au sol la chaleur, chaleur remplacée alors par une température constamment froide ou humide. Qu'arrive-t-il en outre, dans des conditions semblables ? Que les vers et les limaces, pullulent et détruisent en naissant les germes qui apparaissent.

En semant tôt, on économise de la semence, et l'on permet au blé clair semé, de taller, surtout s'il est secondé par l'engrais et par une température douce. En semant tard et épais, on *débourse* plus de semence, et si l'on veut observer, on remarque des tiges grêles jusques après l'hiver. La végétation vigoureuse des céréales avant les gelées, est subordonnée presque toujours au développement des premières racines, développement qui ne se manifeste au dehors, que par ce que l'on appelle le tallage, lequel ne peut avoir lieu, qu'autant que la chaleur, l'ameublissement du sol, l'espace et l'engrais contribueront à l'essor de la plante. On objectera que les récoltes trop avancées avant l'hiver dépérissent en avril et mai. Ce fait est exact lorsque les plantes sont trop rapprochées les unes des autres, et s'affamment mutuellement ; mais n'est-il pas très-facile de prévenir ce dommage, en hersant une ou deux fois aussitôt que la terre sera ressuyée après les gelées, la céréale trop épaisse. Cette opération lui redonnera une vigueur étonnante qui se continuera jusques la moisson.

A plus forte raison, doit-on, dans les terrains doués d'une grande activité et bien fumés, répartir sa semence de manière à ce que chaque tige puisse taller. Evidemment cette répartition convenable ne peut-être à peu près atteinte qu'avec le semoir. Cette répartition s'obtient encore comme je l'ai déjà observé, en hersant la récolte trouvée trop épaisse, à travers les lignes, avec une herse supportée par des roulettes aux angles, armée de dents longues, droites, très-effilées, de peu de diamètre et très rapprochées les unes des autres. Chaque plante ainsi distancée fera rayonner autour d'elle, le chevelu de ses racines.

J'engage, en terminant, les cultivateurs à tenter plusieurs essais sur ces divers avis tous très-importants au point de vue de l'amélioration de leurs produits ; leurs expériences auront pour résultat, j'en suis convaincu, de leur donner la clef des moyens, de modifier par l'art, le rendement de leurs récoltes, de leur faire reconnaître enfin que l'étude attentive de leur profession, contribue davantage qu'ils ne se l'imaginent à accroitre la production ;

d'un autre côté, que l'économie sur la semence appliquée à une grande étendue de terres, comporte un chiffre rond suffisant, pour les couvrir au delà des frais supplémentaires que je leur recommande, comme étant de nature à multiplier les bottes et les hectolitres.

OCTOBRE.

Les semailles se continuent et se terminent pendant le cours de ce mois ; aussitôt qu'elles sont finies, on agira sagement si le temps est sec, en fortifiant les parties de la sole que l'on jugera médiocres en qualité, afin de rendre la récolte plus uniforme partout, avec des compots, des cendres et du parcage. Le parcage sur blé en cette saison souvent pluvieuse, doit n'être appliqué que sur les terrains légers et calcaires plus aptes par leur perméabilité que les argiles, à s'assimiler complètement cet engrais si approprié aux éléments minéraux qu'ils contiennent à l'excès, et surtout à supporter sans dommage important, le piétinement du troupeau par un temps humide. Ordinairement quand on prévoit du dommage par suite de pluies continuelles, on agrandit le parc et l'on fait trois assiettes en vingt quatre heures. Cette mesure est excellente, et doit être employée sans égard au temps sec ou pluvieux, quand on a dans sa sole beaucoup de terres légères à raffermir. Dans ce cas, on place le parc au centre de la pièce, on fait sortir le troupeau d'un côté, on le fait rentrer d'un autre, de manière à la soumettre sur tous les points à son piétinement si favorable à plus d'un titre dans les sols de cette nature. Ce moyen très simple permet de raffermir en un mois une grande étendue de terrain, sans pour cela fatiguer le troupeau, tandis que si on le faisait courir à l'aide des chiens, on perdrait en quatre semaines tous les fruits recueillis par la plus value de ses bêtes à laine, pendant quatre mois d'un pâturage abondant, pâturage que cette plus value est destinée à payer au cultivateur. Les parcours trop longs, les courses, les pluies et les nuits froides donnent naissance à plusieurs maladies dans l'espèce ovine ; aussi importe-t-il essentiellement de surveiller le troupeau en cette saison notamment.

La gâle apparaît presque toujours à la suite des pluies. L'eau, en traversant les toisons, entraîne avec elle des résidus plus ou moins fermentatifs qu'elle dépose sur l'épiderme. La chaleur du corps fait fermenter ces résidus, puis cette fermentation fait éclore à son tour ces animalcules, dont la présence se décèle par l'apparition de petits boutons au milieu desquels ils se réfugient. Quand on a le soin de les empoisonner aussitôt qu'on les remarque, avec du jus de tabac ou d'autres ingrédiens toxiques, la santé des bêtes à laine ne paraît pas souffrir, tandis que si, par incurie, on les laisse se multiplier au milieu de conditions aussi favorables à leur propagation, cette santé jusqu'ici brillante s'altère, la contagion envahit tout le troupeau et le berger ne peut plus suffire seul à l'entraver et la limiter. La prudence fait donc un devoir à l'agriculteur de surveiller chaque jour son troupeau, d'enrayer la maladie dès son début avec du jus concentré de tabac, jus dont le ministre de l'agriculture a réduit la valeur à 30 centimes le litre. On se le procure chez les entrepositaires de tabac, chargés par l'autorité du soin de la délivrer aux cultivateurs qui leur en réclameront pour leurs troupeaux. Une surveillance incessante de la part du cultivateur aura pour effet, près du berger, de faire donner, par cet employé, à ses moutons, avant de les sortir du parc, tous les soins qu'ils peuvent demander, et de prévenir ainsi des dommages considérables.

Ces soins me paraissent d'autant plus opportuns encore, que le mois d'octobre est l'époque à laquelle les cultivateurs doivent commencer à écouler leurs bestiaux en meilleur état, et à en circonscrire le nombre dans les limites des ressources alimentaires dont ils connaissent alors exactement le chiffre, puisque toutes leurs récoltes sont rentrées. Comme ils touchent au moment ou tout le personnel animal va regarnir les étables, il est nécessaire qu'ils combinent avant sa rentrée, leurs opérations spéculatives à son égard ; qu'ils décident quels seront les bestiaux qu'ils conserveront et ceux qu'il est avantageux d'exposer en vente. S'ils ne cherchent pas pendant le cours de ce mois, les occasions des se débarrasser, ils courent le risque d'arriver malencontreusement sur les marchés des foires de l'arrière saison, avec un grand nombre d'autres cultivateurs non moins embarrassés qu'eux-mêmes pour établer, et non moins contraints de vendre à tout prix. Il reste un moyen d'éviter la concurrence et les méventes des foires ; c'est d'emprunter aux ressources de l'année pour nourrir ces animaux, en attendant des circonstances meilleures. Mais cet emprunt aura pour conséquence de contrarier le programme déjà arrêté, et de faire réduire les portions, de manière que l'on arrivera en avril avec des bestiaux, sur lesquels on n'aura rien gagné, parce qu'ils n'auront pas été nourris au-delà de la ration d'entretien, et sans aucune réserve comme fourage. Tous ces détails que je mets én vue sont bien dignes d'un intérêt assez majeur pour que l'agriculteur prenne des dispositions préventives de nature à ne pas être forcé de rompre les combinaisons qu'il a pu prendre à l'égard de la stabulation d'hiver de ses animaux.

La récolte des carottes, betteraves et pommes de terre, laquelle a lieu ordinairement pendant les derniers jours d'octobre, me suggère quelques observations concernant les usages généralement adoptés envers les terres qui les ont produites. Ainsi on ensemence ces terres en céréales dans le courant de novembre. Ne serait-il pas préférable de mettre ces légumes sur les chaumes de blé et de les faire suivre, après que le sol aura été fumé de nouveau avec des tourteaux, par des œillettes ou du colza replanté ? Ces plantes industrielles auraient plus de chance de réussite après un labour mûri pendant six mois, que les céréales dans ces terres binées pendant tout l'été, défoncées et richement fumées ; la culture sarclée réclamée l'année suivante par les plantes industrielles que je cite, complèterait la destruction des herbes parasites, et, comme il est possible dès le mois de juillet pour l'une, dès le mois d'août pour l'autre de commencer la préparation du sol, plusieurs semaines avant son ensemencement en blé, évidemment cette méthode serait plus rationnelle que celle qui oblige à semer des céréales en novembre. En effet quelque soit le luxe de travaux aratoires auxquels on soumettra aussi tardivement, un terrain déjà naturellement froid et compacte, cette culture ne pourra introduire dans son sein, cette chaleur jugée indispensable pour y opérer une combinaison nouvelle des principes séveux. Or l'élaboration de la sève étant incomplète, l'activité étant presque nulle, comment la plante de blé résistera-t-elle, si elle est surprise en lait par les frimats de novembre ; comment traversera-t-elle avec vigueur, les six mois d'hiver, avec une tige grêle et des racines peu développées ? Je ne conteste pas que dans les terres très-riches, la récolte devient quand même au réveil de la végétation, abondante en paille ; cependant comme il est sage de se placer au point de vue des pratiques généralement usitées, des faits ordinairement observés ; comme les bons blés, après ces légumes, ne forment que l'exception, je persiste à dire : qu'il vaut infiniment mieux mettre la nature et les chances de son côté en respectant ses indications, que de s'exposer à des pertes et des déceptions. Dans tous les cas, le rendement en grain est presque toujours médiocre.

L'abondance de la paille et le faible rendement en grains peuvent s'expliquer ainsi :

La paille se nourrit en majeure partie aux dépens de l'eau et des gaz répandus dans l'atmosphère, tandis que le grain ne se constitue, ne multiplie dans les épis qu'autant que les racines lui envoient du sol en abondance, des éléments associés et combinés entr'eux suivant des lois qui nous sont inconnues, des éléments disséminés dans la couche de terre végétale. Combien de fois n'avons nous pas entendu dire par de vieux praticiens : Depuis que l'on dessole, les blés rendent à peine la moitié de ce qu'ils rendaient autrefois, quand ils étaient mis après une jachère bien cultivée. Cette réflexion ne démontre-t-elle pas clairement ce que je viens d'expliquer ; que la quantité du grain est subordonnée après les dessolements au temps plus ou moins long qu'on laisse à la nature, aux agents qui concourent à l'œuvre de la sève, pour préparer les principes qui servent à la constituer ?

Je parlais de plantation de colza après betteraves ou autres légumes, cette besogne a lieu immédiatement après les semailles, afin que le plant puisse être repris avant les gelées, et se défendre contr'elles. On replante également des colza sur les chaumes des avoines ; l'on enterre les uns et les attres du même coup avec la charrue. Ce labour est la seule culture que reçoit ordinairement cette plante précieuse. Y a-t-il lieu d'espérer une bonne récolte dans des conditions semblabes, d'un sol qui n'est ni ameubli, ni fumé ? Je ne le crois pas, je trouve même ce procédé extrêmement préjudiciable pour le reste de l'exploitation. En effet, le colza est une plante très-exigeante, elle s'empare de tous les éléments nutritifs à portée de ses racines, elle ne rend pas de fumier, puis après sa récolte, on cultive la terre qui l'a produite avec les plus grands soins, afin d'en obtenir du blé. On la parque à la vérité, mais cet engrais me paraît bien insuffisant à la suite de deux céréales et d'une plante à l'huile, lesquelles ont dû absorber complètement toutes les parties solubles des fumiers que l'on a mis sur le dessolement qui précédait le blé. Cette circonstance de la plantation du colza, d'une plante dont deux hectolitres en sus par journal, peuvent si bien remettre au cultivateur avec un intérêt usuraire, l'avance que j'estime si nécessaire de lui faire en engrais, devrait à mon avis être saisie avec empressement pour semer sur ce journal 400 kilogrammes de tourteaux quinze jours où trois semaines avant la plantation. En divisant avec l'extirpateur la superficie du champ, on incorporerait ces tourteaux avec une terre ameublie et fécondée ; et lors de la plantation avec la charrue, les tiges et les racines du colza, reposeraient sur une couche favorable à leur développement et et à leur alimentation. Il y aurait lieu d'espérer d'un autre côté en mettant de la sorte ces racines en mesure de s'étendre et de multiplier pendant l'hiver leur chevelu, que les branches se ramifieraient au printemps, et que les cosses se garniraient de graine. On fera bien pour obvier aux ravages des insectes qui dévorent les fleurs, de se procurer pendant les geléos de la suie et des cendres minérales, et de les semer en février ou au commencement de mars sur les colza ; l'odeur qu'elles exhalent, chasse ces insectes et détruit ceux qui restent exposés à leurs émanations.

Quelque puissant que paraisse ce concours de soins et d'engrais divers, il ne faut pas cependant attendre que les colza laisseront au blé beaucoup de détritus et que ce blé deviendra superbe, si on n'ajoute à ces reliquats d'engrais du commerce, soit du parc où du fumier bien consommé ; car le sol est d'autant plus appauvri dans ses facultés productives, que la récolte en hectolitres a été plus abondante. Bien des cultivateurs ont renoncé depuis plusieurs années aux colza ; les mécomptes qui leur ont causé ce dégoût n'ont rien de surprenant pour celui qui réfléchit. La raison en est bien simple : est-il possible d'obtenir avec un seul fumier en jachère : 1° du blé, 2° de l'Avoine, 3° du colza, 4° du blé, quatre produits portant graine et réclamant exclusivement au sol, des éléments pour constituer cette graine ? Ne court-on pas déjà assez de risques par le fait des circonstances atmosphériques, sans accroître encore ces risques par l'absence complète des moyens reconnus les seuls propres à les diminuer ? Je trouve beaucoup plus rationnel de s'abstenir complètement de plantes industrielles, de suivre même jachère, que de cultiver de la sorte, et de mettre aussi peu d'harmonie entre ses prétentions et les avances que l'on fait généralement. Ces deux procédés ne valent pas mieux l'un que l'autre, par le temps qui court, avec des fermages élevés. Néanmoins je suis disposé à croire que le partisan des vieilles traditions se maintiendra plus longtemps que celui qui exagère la culture des plantes oléagineuses et des céréales, car il économise du moins la main d'œuvre.

En octobre une autre sollicitude doit encore préoccuper les cultivateurs, celle des plantations. Chacun d'eux possède plus ou moins autour de sa ferme, des haies et des plantations d'arbres. Le moment suivant moi le plus favorable à leur entretien, est celui qui précède les pluies de l'automne, celui où les feuilles commencent à tomber. Du 15 octobre au 10 novembre, la température est le plus souvent humide et douce; ces deux circonstances favorisent beaucoup l'émission à l'extrémité des racines des plantes, d'un nouveau chevelu, de nouvelles spongioles lesquelles assurent immédiatement la reprise du sujet. Nous remarquons fréquemment que les arbres plantés entre ces deux dates, poussent très-vigoureusement en branches l'année suivante. Ce fait nous démontre conséquemment toute l'opportunité de se renfermer dans les limites que je prescris ; mais afin d'y parvenir, il est nécessaire de se prémunir à l'avance de plantes et d'ouvriers. Aussitôt que l'agriculteur est en mesure de commencer ses travaux, sa présence me paraît très-utile au milieu de ces plantations ; car la rapidité de leur croissance ne peut avoir lieu, qu'autant que leurs racines reposeront sur un lit épais de gazon, riche en humus, dans des tranchées suffisamment spacieuses pour qu'elles puissent s'y prolonger et s'y bien nourrir pendant plusieurs années. La haie abritera, le pommier donnera des pommes et l'arbre forestier des fagots d'autant plus vite, que leur végétation aura été activée par une alimentation abondante et facilitée par la perméabilité du sol. Les arbres sont de grands végétaux dont les besoins sont en rapport avec leur taille. C'est au cultivateur empressé de jouir à prendre des dispositions en conséquence de ces besoins et de ses désirs.

Je recommandais aux agriculteurs de préparer pendant le cours de ce mois, leur programme d'opérations spéculatives sur leurs bestiaux. La tenue des étables se rattache de trop près à ce programme, pour que je ne les engage à rechercher et faire exécuter de suite les travaux de réparation dont elles pourraient avoir besoin pendant qu'elles sont encore libres. Tandis qu'elles sont inoccupées, c'est le vrai moment de rejointoyer les vides entre les briques avec du ciment romain, et les auges, de boucher les trous dans les murailles, de consolider les rateliers, de raffermir et niveler le sol, de blanchir à la chaux les plafonds, de nettoyer à fond les endroits dans lesquels les urines ont pu s'écouler, enfin de remédier par de petites constructions s'il en est besoin, aux inconvénients que l'on a remarqué l'année précédente, soit pour le service, soit pour l'hygiène des animaux. Cette revue a une grande importance et présente ce double avantage lorsqu'on la pratique tous les ans, avec attention, de réunir l'utile à l'agréable. Le cultivateur n'est-il pas appelé pendant six mois à visiter plusieurs fois par jour, ses étables et sa cour ? Quoi de plus propre à récréer sa vue, à satisfaire une vanité légitime, vis-à-vis de ses visiteurs, que l'état de santé de ses bestiaux, le confortable au milieu duquel ils se trouvent, que la propreté et le service rendus faciles et peu dispendieux ; Une vieille maxime nous dit : *qu'il vaut mieux entretenir que bâtir*. Le moyen d'éviter les reconstructions, c'est de restaurer aussitôt, ce qui paraît péricliter. L'œil du maitre ne doit pas passer plus indifféremment dans sa ferme, que sur son exploitation ; il doit prouver ostensiblement, que son intelligence et sa sollicitude embrassent tous les points soumis à sa direction. La ferme est sa cage ; elle est l'objet le premier visité par les étrangers, sa tenue sert presque toujours de point de départ aux préjugés que l'on se forme sur l'habileté de celui qui l'habite. Donc par égard pour soi-même, pour ses amis, pour ses bestiaux, pour la satisfaction de son amour-propre, il est convenable d'accorder enfin plus de soins aux dépendances qui constituent la ferme. Cette réforme aura encore ce mérite d'accroître pour tous le bien-être matériel de chaque jour et de mettre sur la voie d'un progrès qui a plus de valeur qu'on ne le pense la plupart du temps.

NOVEMBRE.

La Toussaint fait passer le cultivateur à un autre ordre d'idées ; il quitte alors le grand air, l'espace pour se renfermer pendant six mois dans les limites étroites de sa cour. Il lui reste cependant encore dans les champs, des labours à exécuter et des transports de fumier à faire au fur et à mesure que ce fumier paraît confectionné à point. Ces travaux sont très-simples et très-secondaires comparativement à ceux que nécessite la stabulation d'hiver. Je vais néanmoins me permettre quelques conseils à leur égard, avant d'entrer dans l'analyse méthodique de ceux que nous trouverons bientôt dans les étables.

Aussitôt que la semaille est terminée et que les colza sont replantés, le cultivateur doit presser l'exécution de ses labours afin qu'ils subissent l'influence fécondante des gelées. Comme la terre est très-humide en cette saison et laisse pénétrer le sous-sol plus facilement qu'en tout autre moment de l'année, on fera bien de profiter de cette circonstance pour ramener à la surface de deux à trois centimètres de ce sous-sol ; la pluie, la neige le mûriront et y déposeront les principes fertilisants de l'atmosphère. Mais le pâturage sera détruit, mais les terres à marner, objectera-t-on, ne pourront plus recevoir cet amendement.

Je n'hésite pas à déclarer que le pâturage en novembre est très souvent plus nuisible qu'utile, parce que l'herbe est presque toujours humide, et n'est guère aussi substantielle que pendant les chaleurs. D'ailleurs par temps sec, il reste pour le troupeau, les gazons de luzerne et sainfoin et les jeunes trèfles et minettes à pâturer; et puis je le répète, il est préférable, souvent de les délaisser, surtout si ces prairies sont déjà rasées de près.

Quant aux terres à marner, il est à propos que la charrue n'y entre qu'après que la marne aura été éparpillée sur la superficie du champ, et que le fumier que l'on doit associer à la marne aura été épandu. Si l'on admet l'utilité de l'exécution des labours avant les gelées, on doit l'admettre à plus forte raison pour les sols couverts de marne et de fumier, puisque cette marne a pour objet de rendre ces sols plus perméables, et que les principes fertilisants qu'elle renferme ne se combineront avec ceux du fumier d'autant mieux, qu'elle aura été délitée par les gelées, et que la pluie aura délayé et associé ensemble de la sorte, leurs éléments respectifs. Conséquemment, l'effet de la marne se fera sentir en raison de la diligence que le cultivateur aura mise à soumettre le fumier et la marne à l'influence favorable des agens appeiés à les confondre ensemble et leur faire produire par leur combinaison, des principes assimilables aux plantes.

Les vieux praticiens témoignent parfaitement du rôle important que joue l'atmosphère dans la fertilisation du sol, lorsqu'ils disent qu'ils ne réussissent en céréales de mars, qu'autant que la terre a été bien *pourrie* ou en d'autres termes bien mûrie par les gelées et la pluie. Cependant, combien n'en remarquons nous pas encore qui ajournent indéfiniment leurs labours sous prétexte qu'ils se ménagent ainsi du pâturage, comme si une nourriture glacée et aqueuse n'était pas plus propre à affaiblir qu'à alimenter, à faire contracter des germes de maladies chroniques ? Ces négligences regrettables sont le fait de l'apathie. Examinons un peu maintenant à quelles conséquences la même indolence entraînerait le cultivateur à l'égard des bestiaux destinés à consommer ces récoltes dont il s'est préoccupé si peu des moyens d'en préparer l'abondance.

En cultivant soigneusement, on accroît ses produits mais on augmente ses pertes suivant la même progression si ces produits, absorbés par le personnel de la ferme, n'en rapportent point d'autres. Cette proposition nous indique que l'intelligence est aussi nécessaire pour utiliser de mieux en mieux, que pour récolter de plus en plus. Il semble au premier aperçu que cette maxime : *produire beaucoup, c'est le moyen de s'appauvrir bien vite,* est étrange et opposée au sens commun. Cependant si l'on admet que plus les fourrages sont abondants, plus ils ont dû causer d'avances, on doit également admettre que si ces fourrages reviennent au cultivateur à 20 fr. par exemple les 500 kilogrammes, il multipliera d'autant plus le chiffre de sa perte, s'il ne sait retirer de ces 500 kilogrammes qui lui coûtent 20 fr. que dix francs au lieu de 30 ou 40 fr. Ces pertes sont très faciles à réaliser avec des bestiaux, il suffit pour cela de leur accorder peu de soins, de ne pas porter vers eux de vues spéculatives. Ils ne doivent pas rapporter seulement du fumier, du beurre et du laitage pour la ferme ; l'agriculteur a besoin en outre de s'imposer le devoir et la persévérance nécessaires, pour arriver après une foule d'essais, à retirer de son troupeau de bêtes à laine un chiffre moyen propre à lui payer une valeur de plus en plus supérieure à ses déboursés, de même de ses vaches, de même de ses chevaux. Cette indemnité exige, pour devenir progressive, plus encore que l'amélioration des terres, de l'application et des études. Or comme cette dernière est subordonnée à l'autre, qu'il règne entre toutes deux une solidarité telle que leur désunion entraine la ruine, tandis que leur connexion conduit dans des voies ascendantes, l'agriculteur se trouve, en raison de cette considération, impérieusement invité à s'attacher à acquérir une grande habileté dans l'économie domestique.

Quand il parcourt ses étables, ses yeux doivent envelopper pour ainsi dire individuellement chaque animal pour s'apprendre à reconnaître instantanément, suivant son attitude, la sollicitude particulière dont il est à propos de le rendre immédiatement l'objet. Cette application continuelle fait bien vite apercevoir une infinité de dispositions naturelles, de symptômes imperceptibles pour beaucoup, très intéressants à combattre, puisque les maladies dont ils sont les signes avant-coureurs peuvent, ou propager une contagion, ou causer la mort ou un grave préjudice. Quelques soins préventifs les ont bientôt fait disparaître ; et ces soins, et cette habitude contractée du diagnostic, auront pour conséquences de mettre sur la voie de connaissances spéciales en hygiène et même en médecine à l'usage des animaux domestiques. Pendant que l'on court après le vétérinaire, les congestions sanguines, la météorisation emportent l'animal qui est affecté de l'une de ces maladies. Comme on a l'occasion à tout instant de remarquer quelque chose d'anormal dans la santé des bestiaux, il importe beaucoup assurément de s'appliquer à en découvrir les causes, afin d'en combattre les effets suivant les indications des ouvrages traitant de ces matières.

Non content de savoir soigner ses bestiaux, quand ils souffrent, l'agriculteur a besoin encore de posséder une intuition, un tact, une perspicacité qui ne s'obtient que par l'usage, pour gagner au moyen de leurs produits le plus d'argent possible, pour servir les besoins de la localité qu'il habite, pour prévoir la hausse inévitable sur telle denrée. Il est nécessaire qu'il conserve dans ce but chaque année, en réserve, des ressources alimentaires appropriées à la spéculation que les demandes du commerce rendent momentanément avantageuses. Son plan d'opérations ordinaire, le porte à élever surtout, à engraisser, afin de les débarrasser avec bénéfices, ses bestiaux tarés, âgés ou écoulés ; mais si la viande est augmentée de 20 centimes au kilo et paraît devoir atteindre de plus fortes proportions ; si la prudence lui a fait réserver une vieille meule de bon foin, des bas grains pour faire des moutures, il se trouve en mesure avec ces ressources auxiliaires de tirer meilleur parti de ses fourrages, en y adjoignant des tourteaux, sur des animaux qu'il aurait conservés un an de plus sans grand profit.

Dans cette prévision, comme les légumes sont indispensables à l'engraissement, comme ils ne sont pas moins favorables à l'élève des animaux domestiques, le cultivateur aura grande raison de leur consacrer chaque année une quantité étendue de terres relativement à son exploitation, d'autant plus que ces légumes servent de condiment aux fourrages, produisent dans l'alimentation et la bonne confection des engrais une action puissante, et donnent l'occasion de nettoyer et de défoncer le sol qui les produit.

En temps ordinaire, les pailles, les foins plus ou moins bien récoltés, les légumes servent à développer la charpente, la chair et la taille des élèves jeunes, bien conformés et doués d'excellentes facultés productives. Suivant ces conditions, ils doivent bien payer leur nourriture. Cette nourriture demande à son tour quelque préparation, puisqu'elle profite d'autant mieux qu'elle est rendue plus digestive, plus appétissante, plus soluble et plus assimilable. Le moyen de lui donner ces qualités, c'est pour les

pailles trop sèches, trop ligneuses, trop coriaces, de les couper menues avec le hache paille ; pour les fourrages un peu
avariés, c'est de les hacher également et de les mélanger
avec d'autres exhalant une odeur plus engageante. Cette
nourriture ainsi triturée, ainsi composée d'élémens divers,
arrosée légèrement avec de l'eau salée, me paraît plus
apte à nourrir mieux un plus grand nombre de bestiaux
que sans cette préparation qui leur mâche en quelque
sorte en moitié leurs aliments, et expose ces aliments
réduits à un moindre volume, à moins de gaspillage et de
pertes sèches. La paille d'avoine donnée en nature, une
botte par chaque tête de gros bétail pour passer la nuit,
ou celle retirée des crèches des moutons, servira le lendemain à recomposer les litières et à servir de récipient
aux déjections. Cette paille doit sans cesse être ramenée
pendant le jour sur ces déjections, afin d'empêcher les
animaux de se salir, et afin surtout qu'elle n'arrive dans
la fosse à fumier que bien imprégnée de la partie liquide
qu'elles renferment. Il faut être, à mon avis, très avare
de paille, comme litière, de manière à ce que la majeure
partie passe par le tube intestinal des animanx, car elle
puise dans ce tube plus d'éléments de fertilisation, tout
en contribuant à alimenter avec ceux qu'elle possède,
que dans la fosse même.

Ces considérations diverses tirées des soins particuliers
que réclament les bestiaux des circonstances locales, des
éventualités de l'avenir, des aptitudes et des préférences
du cultivateur, m'engagent à m'abstenir complètement

d'une indication quelconque relativement au genre de
spéculation que l'on devra suivre. Je répèterei à cet égard
comme toujours, dirigez vos investigations sur les choses
qui vous sourient le mieux, seulement n'oubliez jamais
que la grande quantité de machines à fumier, détermine
la grande production ; mais que comme la nourriture qui
est nécessaire pour les alimenter coûte beaucoup, il devient
souverainement intéressant de se rendre assez habile sur
tous les points qui les concernent, pour leur faire rapporter des indemnités pécuniaires très larges et très en-
courageantes. Le succès entretient l'ardeur et la persévérance ; n'oublions pas qu'il ne s'obtient que par l'étude
et l'application des moyens qui le préparent, que par le
perfectionnement dans la pratique de ces moyens signalés
par l'expérience comme étant les plus propres à conduire
au but convoité. La conséquence logique résultant des
observations qui précèdent, établit d'une manière évidente que l'agriculteur a le plus grand intérêt a exercer
sans cesse son intelligence à des essais prudents, lesquels
l'instruiront et lui feront connaitre les meilleures voies
à tenir pour simplifier son service, pour améliorer ses
races, pour exprimer le plus de ses fourrages leurs facultés alibiles au profit de ses bestiaux. N'y a-t-il pas lieu
de concevoir cette espérance, qu'il multipliera de la
sorte d'autant plus les sources de ses bénéfices, qu'il
aura étendu davantage la perfection dans les rouages
infinis de son administration ?

Tout en s'occupant de la stabulation d'hiver, j'omettais une besogne très-importante au point de vue de la ferme, à laquelle on se livre ordinairement dans notre département pendant tout le mois de novembre, la fabrication du cidre. Comme cette boisson est la plus répandue dans nos campagnes, comme on la rencontre le plus souvent trop chargée d'acidité et de saveur plus ou moins désagréable, il me parait très utile de la rendre l'objet de quelques critiques par rapport au mode, suivant moi, vicieux de sa fabrication. Pourquoi le cidre a-t-il mauvais goût ? Pourquoi devient-il aussitôt acide ? Ne pourrait-on pas répondre à ces questions en leur assignant pour causes les faits suivants, faits constatés presque partout. Ainsi, on renferme les pommes dans des tas, dans des caves, dans des pressoirs, dans des lieux fermés. Beaucoup pourrissent amoncelées de la sorte dans un espace restreint, quelques unes deviennent noires et moisissent. On se garde de les séparer de la masse, quand on égruge le tout, sous prétexte que le jus de ces pommes gâtées est aussi bon que celui de celles qui sont saines. Première erreur facile à vérifier, il suffit de goûter le jus. Maintenant concernant les fûts qui reçoivent le cidre, on pense à les débarrasser de la lie, laquelle est devenue acide et moisie, surtout si on a laissé un accès facile à l'air extérieur, le jour où il est question de les remplir de nouveau. J'admets qu'on les rince avec soin, à plusieurs reprises avec de l'eau claire, mais cette eau est impuissante pour enlever l'acide et la moisissure dont les douves sont imprégnées. Puis ce cidre de quoi se compose-t-il ? D'un peu de pommes et de beaucoup d'eau, moyen infaillible de le faire tourner très vite à l'aigre, si l'on ne s'entoure de précautions. Je comprends à cet égard que dans une ferme, on s'attache à rendre légère une boisson livrée chaque jour à discrétion aux domestiques, de laquelle il résulterait des abus et des inconvénients pendant les chaleurs de l'été, si elle contenait une assez forte proportion d'alcool ; cependant on aurait raison, à mon avis, de prendre ses mesures pour lui conserver du moins un goût pur, un goût exempt d'une acidité nuisible à la santé, et d'une saveur inspirant la répugnance.

Il me paraît très facile d'obvier à tous ces reproches par quelques soins aussi simples que peu dispendieux. D'abord il faudrait exposer ses pommes à l'air libre, les sauvegarder contre les bestiaux en les entournant d'une double enceinte faite avec les claies du parc. A l'air libre la pomme se nourrit, s'entretient avec l'humidité de l'atmosphère, tandis que dans un endroit clos, elle perd de son volume, elle y est plus sujette à se pourrir et surtout à moisir. Ensuite on devrait remonter les tonneaux en juin hors de la cave, les rincer avec de la chaux vive que l'on ferait fondre dedans, bien en saturer les douves en roulant ces tonneaux, puis quand on juge que cette eau alcaline a dû enlever l'acide et la moississure, y passer de l'eau très claire, afin de faire sortir du fût toutes les parcelles de la chaux. On laisse sécher ce tonneau à l'air libre au moyen du courant résultant des ouvertures qui le traversent, le trou de la bonde et celui du robinet. Enfin on complètera son appropriation, sa désinfection en y introduisant un demi-litre d'alcool bon goût pour un tonneau de 30 veltes. Si le bois est bien sec cet alcool s'imbibera dans les douves, mais pour remplir ce but, il est indispensable de le boucher hermétiquement et de le rouler dans tous les sens, afin que le liquide se trouve réparti sur toutes les surfaces.

Quelques cultivateurs, amateurs de bon cidre, emplissent en outre leur fût de gaz sulfureux au moyen d'une mèche soufrée, tenue enflammée en suspension au milieu de la pièce par un fil de fer. Ce gaz est maintenu par la fermeture de la bonde mastiquée dans son pourtour pour éviter toute fuite de ce gaz, jusqu'au moment où l'on entonne le cidre. Cette pratique est excellente, je l'ai employée souvent avec succès, et je dois dire à son sujet que son intervention est efficace pour conserver le cidre soutiré, constamment doux et agréable à boire. Le soutirage exécuté aussitôt après la première clarification du cidre, est particulièrement essentiel si l'on désire avoir du cidre de garde, car comme il se trouve dégagé de matières sans cesse disposées à fermenter, la lie, et mis dans un autre fût dans lequel il s'imprègne de nouveau d'un gaz qui l'assainit, intercepte l'action de l'air, et paralyse la fermentation, il résulte de cette coïncidence de ces circonstances propices, plus de facilité pour le cidre, s'il est faible surtout, pour résister à l'influence pernicieuse que pourrait lui causer l'action de l'air.

Le cidre, de même que le vin, tourne, quand la température s'élève, ou à l'acide ou à l'alcool. Ces deux états différents ne se déclarent que suivant la proportion plus ou moins forte du sucre dans le liquide en fermentation. Or, dans la boisson qui nous occupe, comme nous diminuons trop avec de l'eau la quantité de sucre de pommes nécessaire, quantité qui, lorsqu'elle atteint le degré de 10 pour 0|0 au moins, détermine sa transformation en alcool, il devient donc important de protéger sa faiblesse, de contrarier par le soufre sa propension à devenir acide. Ainsi l'eau, l'acidité des douves, l'influence de l'air, la lie sont des causes déterminantes d'aigreur et de mauvais goût ; conséquemment les soins du cultivateur doivent tendre à la soustraire à ces causes.

L'espèce des pommes joue, de son côté, un grand rôle dans la qualité du cidre, dans sa couleur et sa conservation. Il me paraît utile de rechercher celle qui assure le plus longtemps cette qualité. Cette expérience est facile, car on peut très-bien faire une assise de pommes toutes Roquet, ou toutes de Douveret, et d'autres encore et comparer. Mais on envisage la fabrication du cidre comme une besogne si secondaire, qu'on en abandonne malheureusement trop souvent le soin à la discrétion de quelques domestiques. Cependant puisque l'on plante chaque année quelques pommiers, cette expérience ferait connaître à quelle espèce de pommes on doit donner la préférence.

A la suite des années pluvieuses, les pommes contiennent si peu de sucre, qu'il y a lieu de n'en attendre

qu'une boisson insipide et impossible à boire, si l'on tient
à ne pas nuire à sa santé ; lorsqu'on la fabrique quand
même, suivant les procédés habituels. Dans ce cas, il est
un moyen de corriger les inconvénients que je mentionne
en ajoutant 25 kilogrammes de mélasse pour 80 veltes
au cidre que l'on met dans les tonneaux de cette conte-
nance. La mélasse bien mélangée avec le jus trop aqueux
des pommes, produira cet effet de provoquer une fermentation convenable, de créer de l'alcool, élément si nécessaire à la conservation du cidre, et principalement cet
effet, d'entraver son aptitude à devenir aigre, puisque
ces pommes contiennent peu de sucre. Cette mélasse, dont
le prix est si minime, peut servir encore très-utilement
dans cette circonstance de fabrication de boisson, pour le
personnel de la ferme, dans les années où les pommes
sont chères et rares. Toutefois que la propreté et les
règles prescrites par l'expérience seront observées, le
sucre des mélasses additionné à l'eau des pommes dans la
proportion de 10 à 12 pour 0|0, donnera une boisson de
garde rafraîchissante.

J'ai besoin, avant de terminer ce sujet, de faire quelques réflexions sur les causes qui amènent la fermentation, et sur la nécessité de faire naître ces causes. La fermentation opère la séparation d'avec le corps principal
d'éléments divers, la combinaison, plus la clarification
du liquide. Pour qu'elle ait lieu, l'action, la réunion sur
le même point de la chaleur, des gaz et de ferments sont
indispensables : Le sucre est un ferment toujours disposé à

entrer en effervescence, mais sous une influence donnée.
Or si ce liquide composé, ne contient pas suffisamment
de ces matières naturellement fermentatives, si la température n'a pas assez de chaleur pour provoquer la formation du gaz acide carbonique, lequel met le tout en
mouvement, ce liquide reste impur, stationnaire, aucune
combinaison n'a lieu, ce liquide subit une décomposition
lente qui le rend impropre à aucun usage.

Cette explication plus ou moins fondée suivant la
science, parait du moins vraisemblable d'après l'expérience ; elle nous indique incontestablement que nous
devons nous empresser de faire nos cidres pendant que
la saison est encore douce, qu'elle est agitée par les
vents, pendant que nos pommes ont tout leur sucre ; de
suppléer à leur insuffisance en matière sucrée par des
substances qui en contiennent, finalement de nous en-
tourer sans cesse des notions que le bon sens naturel et
l'expérience des autres nous ont enseigné.

Il arrive souvent quand des pluies surviennent en septembre après des chaleurs intenses en août, que les blés
deviennent en novembre trop épais. On aurait grand
tort de ne pas profiter d'un beau soleil pour herser ces
blés, en espacer les tiges et en supprimer un grand
nombre en y passant la herse à *rhabiller* autant de fois
que la récolte paraîtra l'exiger. Quoique cette époque ne
soit pas celle pendant laquelle on doive pratiquer cette
opération, on conçoit qu'il vaut mieux y recourir quand
même, que de s'exposer à voir ses céréales ne point taller.

Je puis donner l'assurance d'après mon expérience que l'on se trouvera parfaitement de ce hersage dans les circonstances que je signale, si le sol n'est qu'humide, et qu'il est toujours résulté de ce travail supplémentaire, plus de taille pour mes pailles et plus de grain dans les épis. J'engage les cultivateurs à essayer cette expérience à la première occasion qui s'en présentera, ils pourront ainsi vérifier le fait que j'accuse.

Je me garde bien de présenter mes conseils comme des principes absolus que l'on devra rigoureusement accepter. Seulement discutez-les dans votre intérieur, comparez leur application pratique avec vos habitudes ; ce concours d'essais, cette tension de votre esprit concernant tous les détails de votre profession, vous feront infailliblement aboutir à des découvertes avantageuses, dont vous recueillerez les premiers les bénéfices et ultérieurement au tour de vous, le mérite de l'initiative.

DÉCEMBRE.

L'agriculteur qui attend vers la fin de ce mois la parturition de ses brebis, aura d'excellents motifs pour leur donner, dès les premiers jours de décembre, des provendes de légumes, du bon foin, de la paille de froment, un repas de blé lentilleux, battu à l'endroit des épis seulement, ou d'hyvernache, et, comme boisson, de l'eau contenant un peu de sel et de mouture. Ces nourritures aqueuses et substantielles donneront aux mères de la vigueur ponr accomplir heureusement ce travail de la nature et un sang riche pour entretenir dans leur sein leurs élèves ; ensuite elles feront secréter daus leurs mamelles du lait en abondance. On comprend trop l'importance de ces considérations en pareille circonstance, pour n'employer que des demi-mesures.

Pendant les jours de pluie ou de neige, la machine à battre et le hâche-paille serviront à utiliser les bras du personnel de la ferme et à se mettre en avance de provisions de paille et de nourriture à l'usage des bestiaux. Ces avances permettront, lorsque de fortes gelées consolideront les chemins et la surface des terres labourables, de faire les transports du fumier. Le froid fait activer les hommes et les chevaux et la gelée empêche les roues de creuser des sillons, elle facilite, en outre, la charge sur les voitures et ménage les attelages. Le fumier doit être épendu aussitôt qu'il est déposé sur place, dans la crainte que les tas ne se congèlent et ne soient lavés plus tard par les pluies au moment du dégel, il laisserait de la sorte, sur un seul point, ses éléments les plus fertilisants.

En décembre les soirées sont très-longues, on passe le plus souvent le temps autour d'un bon feu à bâiller ou dormir, ne vaudrait-il pas beaucoup mieux envoyer les domestiques, pour les désennuyer et en tirer un meilleur profit, les uns dans les greniers cribler des grains, d'autres dans la cave couper des racines ou dans le fournil concasser des tourteaux et de l'avoine? On peut circuler avec une lumière sans le moindre inconvénient dans ces appartements et, 'd'ailleurs, les jours sont si courts qu'il est presque impossible de bien faire toute la besogne journalière, si on n'utilise les veillées. Le travail, pendant quatre heures, d'un personnel toujours relativement nombreux et coûteux, est important ; or, s'il allège la besogne du jour, s'il sert à préparer la nourriture des bestiaux, à mettre de l'ordre partout, le cultivateur en recueille une infinité d'avantages dont la portée est incalculable.

Dans la cave au cidre on peut encore, le soir, soutirer celui qui est à peu près éclairci et le renfermer dans des tonneaux remplis de gaz sulfureux. Ce gaz, comme je l'ai déjà dit en novembre, aura pour effet de prévenir en mars et avril une fermentation trop active. de le préserver de l'influence nuisible, au printemps, de l'air, et de lui conserver longtemps encore de la douceur.

Les instruments principaux répartis dans l'intérieur de la ferme, tels que : le coupe-racines, le hâche-paille, le concasseur, les cribles, la machine à battre, me paraissent tellement utiles, que je vais envisager toutes les conséquences favorables que doit procurer leur emploi. Il me sera difficile de ne pas tomber dans des redites, mais comme elles n'auront que le tort de répéter de bonnes choses, je poursuis mon examen.

Le coupe-racines abrège la division des légumes et, de même que le hâche-paille, il mâche la nourriture en moitié. Les animaux n'ont plus qu'à compléter sa trituration et à en exprimer dans leur estomac tous les sucs qu'elle renferme. Cette préparation la rend donc plus souple, plus soluble, plus assimable. Sous cette forme, les fourrages se prêtent à des mélanges, à des assaisonnements avec le sel, lesquels modifient et corrigent la médiocrité de ceux que l'on introduit dans la masse. Comme les parties aqueuses des légumes sont absorbées par ces hâchis, ces hâchis ainsi légèrement humectés s'assouplissent, agacent moins les gencives des bestiaux et se conservent plus longtemps dans les organes appelés à en extraire les sucs. Ces sucs, à leur tour, seront d'autant mieux exprimés par les canaux chylifères, que les bols alimentaires resteront plus longtemps soumis à leur succion et à la pression exercée sur eux par l'estomac. Il est évident qu'administrées suivant ces préparations,

11

les parties ligneuses des pailles et des foins n'exciteront plus, de la part des animaux, un exercice aussi pénible de leur mâchoire, empâteront ou plutôt séjourneront davantage dans le tube intestinal et ne passeront plus dans les litières sans aucun profit. Ces litières, après tout, n'acquièrent de valeur fertilisante qu'en s'imprégnant des déjections solides et liquides des bestiaux, conséquemment il importe de faire en sorte de n'en user à l'état brut, que juste la quantité nécessaire pour s'approprier l'humidité de ces déjections et abriter les animaux des sâletés dégoûtantes qu'elles causent, lorsqu'on les laisse adhérer à la peau. La servante préposée à l'entretien des vaches doit sans cesse, pour éviter un contact direct de leur peau avec leurs bouses, quand elles se couchent, ou ramener sur ces bouses un peu de paille ou les jeter au dehors sur le fumier avec une pelle ou un fourchet.

Avant l'emploi de ces instruments, on faisait macérer des pailles dans de l'eau bouillante ; on faisait cuire la plupart des aliments afin de faire sortir des capsules au moyen de la vapeur d'eau et de dissoudre les principes alibiles qu'elles contenaient. Cette méthode, quoique très-coûteuse, était suivie par les cultivateurs en renom comme engraisseurs. Il y a lieu de croire qu'elle leur laissait cependant encore de beaux bénéfices. Puisque ces machines très-perfectionnées aujourd'hui, donnent à peu près les mêmes avantages d'une manière plus expéditive, à moindres frais ; nous aurions tort de n'y pas recourir, de dédaigner les moyens de nourrir mieux et plus économiquement un plus grand nombre de bestiaux et de tirer surtout de nos fourrages, dont nous réduisons le plus que nous pouvons l'étendue, parce que nous trouvons qu'ils nous coûtent trop à produire, uu parti assez avantageux pour nous indemniser de nos avances.

Concernant les concasseurs, les observations qui précèdent peuvent leur être appliquées, soit qu'il s'agisse de broyer des tourteaux, soit de l'avoine. A l'égard de l'avoine, laquelle nous donnons aux chevaux sans cette préparation, ne remarquons-nous pas que la majeure partie passe dans les crottins, et que cette partie perdue ne le serait pas, si le grain avait été trituré? Puisque les bêtes à cornes sont avides d'un côté des tourteaux, que les chevaux de l'autre dévorent l'avoine, que tous s'engraissent avec ces nourritures quand on les leur donne à discrétion, le cultivateur intelligent doit saisir avec empressement cette préférence manifeste de leur part pour ces aliments, pour en faire consommer en même temps d'autres moins appétissants, et pour en faire sortir préalablement toutes les parties nutritives, à l'aide de ces appareils.

Enfin les cribles, les tarares et la machine à battre, sont des instruments ayant respectivement leurs qualités propres. Les premiers ont pour objet de séparer le bon grain d'avec le mauvais. Le bon acquiert par le criblage plus de valeur et diminue d'autant celle des déchets qui, lorsqu'ils sont vannés et réduits en farine, donnent les moutures nécessaires aux brebis mères et aux bestiaux en graisse. Comme ils se trouvent à couvert ainsi que la machine à battre, le chef de maison n'est pas embarrassé pendant les gros temps pour bien utiliser tout son monde.

Le cultivateur doit être le premier levé, précisément en raison de l'instabilité de la température. N'a-t-il pas besoin de tracer, dès l'aube du jour, la besogne à chacun de ses employés? Peut-il la leur commander, sans amener des retards et des pertes de temps de leur part, d'une manière invariable, s'il ne prend ses inspirations, avant de donner des ordres, du temps et de l'urgence d'un travail important? Un proverbe dit avec raison : *la besogne bien ordonnée est en moitié faite ;* ce proverbe acquiert dans une exploitation plus de valeur que partout ailleurs, par ce motif qu'il est souvent impossible, suivant les saisons, de coordonner son service dès la veille, et que la culture comporte une étendue si grande de détails plus ou moins majeurs, que parfois on perd la tête le matin, quand on embrasse les nécessités qu'un beau soleil rend toutes à la fois immédiatement urgentes ; il faut absolument de l'ordre, de la netteté et du sang-froid dans les idées pour répondre convenablement à la situation embarrassante que l'on occupe en pareille circonstance.

Je disais que les instruments d'intérieur dispensaient beaucoup de la cuisson ; à la vérité, les hâchis préparent suffisamment la nourriture dans la plupart des cas ; cependant l'engraissement de quelques bestiaux, la nature de certains aliments, l'abaissement de la température, demandent l'intervention fréquente en hiver de boissons chaudes et de la cuisson dans une chaudière bien montée, des légumes dont l'eau de végétation est nuisible aux animaux; ainsi la pomme de terre. Plus il fait froid, plus il est important d'activer la circulation du sang par des boissons chaudes et de clore convenablement ses étables pour y maintenir une chaleur moyenne favorable au jeu des organes respiratoires et digestifs des bestiaux. La chaleur provoque la transpiration, l'exsudation par les pores de la peau des particules malsaines que la nature tend à chasser au dehors. Cette transpiration entretient la souplesse de la peau, permet à la graisse de se loger sous son tissu rendu ainsi élastique, les aliments digèrent très-bien et chaque organe accomplit parfaitement la fonction qui lui est dévolue. Donc si on étanchait la soif des bestiaux avec une eau glacée; si on leur ménageait cette eau qui sert de véhicule et de dissolvant aux sucs des aliments, assurément un trouble quelconque apparaîtrait dans l'économie. La conséquence de ce trouble causerait chez les animaux en graisse, ou un temps d'arrêt, ou des maladies; et chez ceux qui donnent du lait, une production minime de ce liquide. Or, afin d'exciter les bestiaux à absorber cet élément indispensable de vie, il est absolument nécessaire que les boissons soient données à discrétion tièdes, et contiennent un peu de sel, de son et de légumes.

Le motif qui m'engage à recommander aussi souvent l'emploi du sel envers tous les bestiaux, est dû à ses qualités spécifiques. Le sel rend les aliments insipides, savoureux ; il les modifie et les améliore quand ils sont un peu avariés par la pluie ou la moisissure ; il excite la soif et l'appétit ; il stimule et fortifie les viscères abdominaux ; il entretient leur mouvement pérystaltique nécessaire pour exprimer le chyle et le faire absorber par des petits canaux dont la mission est de le répandre dans la circulation ; puis pour expulser au dehors les matières fécales ; finalement il les débarrasse, par ses propriétés laxatives, de la surabondance de mucosités qui pourrait paralyser le jeu de ces organes essentiels. L'utilité toute particulière du sel a été reconnue par les engraisseurs qui en ont usé, tellement efficace, que je considérerais comme un grave oubli de ma part, si je m'abstenais de faire ressortir le rôle important qu'il occupe dans l'alimentation en général. On doit le faire fondre principalement dans les boissons contenant des substances mucilagineuses et très-azotées, telles que les siliques de colza, les capsules de lin battu, ou, à leur défaut, un peu de cette graine. Le mucilage dans les boissons s'obtient en soumettant les corps oléagineux à une température élevée ; sa propriété est de lubrefier les muqueuses, de prévenir les embarras gastriques. Toutes les enveloppes des grains, même des céréales, contiennent plus ou moins des éléments substantiels, très-recherchés des bestiaux ; la cause qui les fait rejeter par les cultivateurs, est due à ce qu'elles sont très-difficiles à digérer, surtout les balles des céréales; elles forment des pelottes dans le canal intestinal. Mais quand elles sont saturées d'eau, de mucilage et de sel, elles sont parfaitement digérées par l'animal qui s'en repaît, et rejetées au dehors sous forme d'excréments, complètement dépouillées de la partie extractive et soluble qu'elles possédaient, elles donnent du lest à l'estomac et contribuent à y faire stationner les liquides et les solides, jusqu'au moment où l'expression entière de leurs principes alibiles a eu lieu de la part des organes absorbants.

J'indique le moyen de retirer sans aucun danger, un grand profit d'une quantité considérable de matières bien plus nutritives que la paille ou le foin avarié, de matières que l'on fait presque partout pourrir dans une fosse ou sur les hersages sans se préoccuper le moins du monde de leur valeur alimentaire. J'espère qu'on n'oubliera pas ce conseil et cet autre très-essentiel, celui d'en extraire la poussière, en les faisant passer à travers un grand crible tournant, car cette poussière pourrait très-bien occasionner des maladies plus ou moins graves.

Si l'on trouve que ces théories établissent d'une manière péremptoire, que ce régime est celui qui présente le plus d'avantages, appliqué aux ruminants, attendu qu'il paraît plus apte que tout autre à nourrir beaucoup et économiquement un plus grand nombre de bestiaux, à plus forte raison doit-on l'adopter invariablement en toute saison à l'égard des chevaux. L'espèce chevaline ne rumine pas, elle broie les aliments qu'on lui donne avec plus ou moins d'avidité et de profit ; elle n'acquiert d'embonpoint qu'à la condition qu'on lui abandonne à discrétion des fourrages très-substantiels. Or puisque déjà nous déplorons avec amertume la dépense alimentaire que nous cause l'entretien d'une écurie, dépense qui absorbe environ le quart de la totalité de l'exploitation, dépense qui ne se trouve guère compensée que par le travail, ne devons nous pas faire des essais de tout genre, pour reduire cette consommation ruineuse en l'élaborant, à des proportions moindres, en élevant des poulains, en vendant sur les marchés des chevaux en bon état, au moment où ils ont acquis leur plus grande valeur, et les remplaçant par des élèves de deux à trois ans? On retirerait de la sorte un revenu de son écurie outre le travail et l'on regretterait moins le coût exorbitant qu'elle nécessite. N'est-ce pas le cas de préparer leurs fourrages de manière à doubler leurs facultés réparatrices?

Le cultivateur est naturellement disposé à faire bon marché des théories, cependant elles ont leur utilité, ne serait-ce que celle de l'habituer à en discuter le mérite et à raisonner les procédés qu'il emploie. Les théories même réfutables ou incomplètes dans leurs explications, peuvent lui suggérer des essais analogues au sujet qu'elles embrassent, et des réflexions sur les faits qui se sont passés sous ses yeux. L'examen approfondi des expériences de ses devanciers, et de leurs théories à leur égard, l'entraînera lui-même, sans qu'il s'en doute, vers des recherches du même genre et vers des enseignements qui lui feront transformer et améliorer ses opérations journalières. Le raisonnement est une puissance difficile à animer chez l'homme exerçant une profession aussi active que celle de l'agriculture, car la surveillance et le travail manuel absorbent trop souvent toute son attention. Il devrait s'assimiler davantage à l'industriel, en embrassant comme lui mentalement la raison d'être de chaque rouage et les modifications que l'un ou l'autre pourrait subir, soit pour réaliser une économie, soit pour produire sans plus de dépense une plus grande somme de travail. Quand on est identifié surtout avec les détails pratiques de sa profession, on doit l'envisager de plus haut et ne porter les yeux sur son ensemble mécanique, qu'avec la préoccupation constante d'en perfectionner sans cesse l'économie.

Telle n'est pas malheureusement la sollicitude du plus grand nombre de cultivateurs. Je vais encore en citer une preuve évidente. Combien d'entr'eux font leur inventaire pendant leurs longues soirées d'hiver? Assurément un petit nombre? Cependant la plupart inscrivent aujourd'hui, tout en exerçant leur surveillance, sur un calepin de poche, leurs recettes et leurs déboursés. Rien de plus facile pourtant que de faire le recollement de ces notes et de les reproduire sur des registres spéciaux et de les y classer par ordre suivant l'objet particulier qu'elles concernent. En additionnant les ventes de grains, on serait à même de se rendre compte, si elles sont supérieures à l'année précédente, de même à l'égard de celles qui regardent les bergeries, la vacherie et l'écurie. Les différences sensibles remarquées de temps à autre entre les recettes de même origine, conduiraient infailliblement le cultivateur animé du désir si légitime d'accroître son aisance, à rechercher les causes de ces anomalies. Ces causes à leur tour une fois reconnues, l'engageraient à prendre des mesures pour prévenir leur retour, lorsque leurs effets lui seraient préjudiciables. Son inventaire enfin serait à ses yeux une critique de son système très-recommandable, qu'il écouterait plus volontiers que son voisin et qui le rendrait bientôt accessible aux conseils des cultivateurs, qui lui inspirent quelque confiance ; il provoquerait dans tous les cas, de leur part, des opinions étendues sur le sujet sur lequel il tient à s'éclairer.

Une comptabilité régulière, une bonne tenue de livres, est jugée par le négociant comme une mesure d'ordre, la clef de voûte de sa profession. Après son inventaire, un commerçant consacre toute son attention aux enseignements qui en ressortent, pendant plusieurs jours, afin d'y découvrir ce qui lui sera plus avantageux d'augmenter ou de supprimer. De même le cultivateur aurait raison, pour éclairer sa marche, de mettre à jour et de rendre faciles à consulter, les documents qui mentionnent sûrement les résultats de chaque spéculation. Un bon inventaire est le stimulant le plus puissant que je connaisse pour surexciter l'ardeur et faire secouer l'indolence, comme un mauvais devient aux yeux du père de famille sérieux, un avertissement dont il tient compte, un avertissement qui lui sert à mieux calculer ses procédés d'opération.

Je crois avoir envisagé dans tous les détails essentiels que chacun d'eux comporte, les divers travaux de l'année. Je crois déclarer, avant de clore cet entretien avec mes lecteurs, que le motif qui m'engagea à les passer tous en revue, et à produire mes opinions à leur égard, fut d'amener les cultivateurs à en discuter la valeur plus ou moins pratique ou plus ou moins rationnelle. Je leur ai fait connaître tous les procédés que j'ai employés moi-même, comme les théories qui les mo-motivèrent de ma part. On aurait tort d'interpréter le mobile de ma conduite, comme une aberration fàcheuse d'un esprit présomptueux, tendant à critiquer la manière d'agir des autres, et à y substituer magistralement la la sienne. Ce qui prouve que je ne suis pas exclusif, c'est que j'ai fait ressortir presque chaque mois, combien il est prudent, en face de la nature, de raisonner toutes ses opérations, et de suivre une méthode rationnelle ; mé-thode que l'on n'acquiert qu'en invoquant la théorie et la pratique, qu'en s'entourant des lumières de ceux qui paraissent exercer avec avantage la même profession. L'a-gricuture a, dans tous les temps, attiré mon application et mon zèle ; rien d'étonnant que j'occupe mes loisirs ac-tuels à élucider tout ce qui la concerne, et que je con-voque ceux qui lui consacrent leur existence, pour exa-

miner avec eux ce qu'il importe le mieux de faire en
pareille circonstance. Du concours d'idées vers le même
sujet, naît la lumière ; ce concours fait jaillir parfois
des inspirations soudaines dont tout le monde profite
Puissent les impressions et les expériences personnelles
que j'expose comme sujet d'études, déterminer, de la
généralité des cultivateurs, des essais persévérants pour
juger leur mérite, et leur faire contracter ainsi l'habitude de mettre surtout leur intelligence au service de l'a-
griculture, autant que leur activité physique.

FIN.

Amiens. — Imp. LEMER aîné, place Périgord, 8.

www.ingramcontent.com/pod-product-compliance
Lightning Source LLC
LaVergne TN
LVHW012005180726
843502LV00005B/1551